# 飛航科技大解密

## 圖解受歡迎的大型客機與戰鬥機

人人出版

人人伽利略系列 17

圖解受歡迎的大型客機與戰鬥機

# 飛航科技
# 大解密

# 1 完全圖解 民航客機

# 2 軍用機與
新世代飛機

監修 淺井圭介

協助 渡邊聰／野波健藏／Ilan Kroo／大林 茂／倉谷尚志／
佐藤哲也／日本宇宙航空研究開發機構（JAXA）／
DJI JAPAN 股份有限公司／Sekido 股份有限公司

# 3 日本的
飛機開發現況

協助 淺井圭介／ANA 全日本空輸股份有限公司／三菱航空機股份有限公司／
本田技研工業股份有限公司／本田飛機公司

# 4 太空船‧
火箭的科技

協助 的川泰宣／毛利 衛／有田 誠／森田泰弘／西澤 丞／沖田耕一／
日本宇宙航空研究開發機構（JAXA）／IHIAerospace／川崎重工業／
青木精機製作所／三幸機械／Sony Music Solutions

## 開啟飛往天空之門的萊特飛行者號
# 自萊特兄弟迄今的117年

1903年12月17日，萊特兄弟完成人類首次載人動力飛行，距今已有117年。憑藉著優異的開發策略與符合科學的縝密籌備實驗，以及超乎常人的熱情，在僅僅4年內，就達成了這項偉大的計畫。本書利用插圖將代表他們智慧和信念結晶的「萊特飛行者號」，以及在美國小鷹鎮的首次飛行瞬間，予以重現。同時也介紹之後這117年來的飛航歷史與航空工程的最新趨勢。

協助｜**淺井圭介** 日本東北大學大學院工學研究科
航空宇宙工程專科教授

上圖為萊特兄弟在1903年12月17日上午10時35分，於美國北卡羅來納州小鷹鎮駕駛飛行者號完成首次飛行的瞬間紀錄相片。趴在飛機上的是弟弟奧維爾，哥哥威爾伯則站在右邊地面上。

下圖中左邊是奧維爾，右邊是威爾伯，攝於1900年至1910年期間。

# 人類第一架載人動力飛機 ——萊特飛行者號

**萊**特飛行者號（Wright Flyer）是在美國經營自行車店的哥哥威爾伯（Wilbur Wright，1867～1912）和弟弟奧維爾（Orville Wright，1871～1948）於1903年打造的飛機，也是全世界第一架載送人類飛上天空的動力飛機。

不僅機體，包括發動機到螺旋槳，整架飛機全部都是萊特兄弟親手打造。上面處處都是兩兄弟殫精竭慮的傑作。特別值得一提的是，他們建立了控制機體的機制。

其中最優異的發明之一，應該是控制機體滾轉運動的「翹曲機翼」（warping wing）。經由觀察鳥類扭動翅膀在空中飛翔轉彎的模樣，萊特兄弟從中得到靈感，設計出扭轉翹曲的機翼，具有能使飛機轉彎盤旋的機制。

在萊特飛行者號之前，或是同一時期，企圖達成首次飛行的眾多飛機，都是在重視穩定性的前提下進行研製。也就是說，這些飛機都配備了特定的構造，當飛機由於風等因素導致機體的平衡遭到破壞時，會自動把它矯正回來。但另一方面，這樣的機制會使機體對操縱的反應變得遲鈍。

萊特兄弟在設計飛機時的考量點，則著重於能否依照己意進行操縱。兩兄弟希望打造出來的飛機，寧可機體不太穩定，也要能夠敏銳地反應人員的操縱。

## 萊特飛行者號

萊特兄弟於1903年開發的世界第一架載人動力飛機。這是一架使用汽油發動機驅動的螺旋槳飛機。全長6.4公尺，機體高度2.8公尺，機體重量274公斤（不計入操縱者）。機翼總長（翼展）12.3公尺。

油箱
（容量1.5公升）

散熱器
利用水冷卻發動機

發動機

風速計

操縱桿

托架

升降舵
利用操縱桿控制升降舵的角度，使機體上升、下降。

落地用橇板

操縱席
操縱者趴在稱為托架（搖籃）的部分，利用操縱桿控制升降舵的角度，使機體上升、下降。利用腰力使托架左右滑動，可透過纜繩扭轉翹曲的機翼，使機體轉彎。

## 螺旋槳

機體後方左右各安裝 1 具直徑2.4公尺的螺旋槳。發動機的動力透過 2 條鏈條傳給左右兩邊的螺旋槳軸。螺旋槳軸再分別朝相反方向旋轉，以便保持機體的左右平衡。

## 取得專利的「翹曲機翼」

透過纜繩將托架的移動方向傳到主翼後，把主翼扭轉，使左右兩側的升力產生差異，讓飛機得以轉彎。據說，這個構造是威爾伯在偶然間扭轉紙箱時獲得的靈感。萊特兄弟這種利用翹曲機翼的操縱方法，在1904年取得德國的專利，又在1906年取得美國的專利。

## 複翼構造的主翼

上下 2 片主翼使用木柱連結，形成高強度的構造。兩片機翼都在木材骨架鋪上有防水塗層的布料。為了抵銷靠右側配置的發動機重量，機翼的右側比左側長約10公分，以便提高機翼右側的升力。

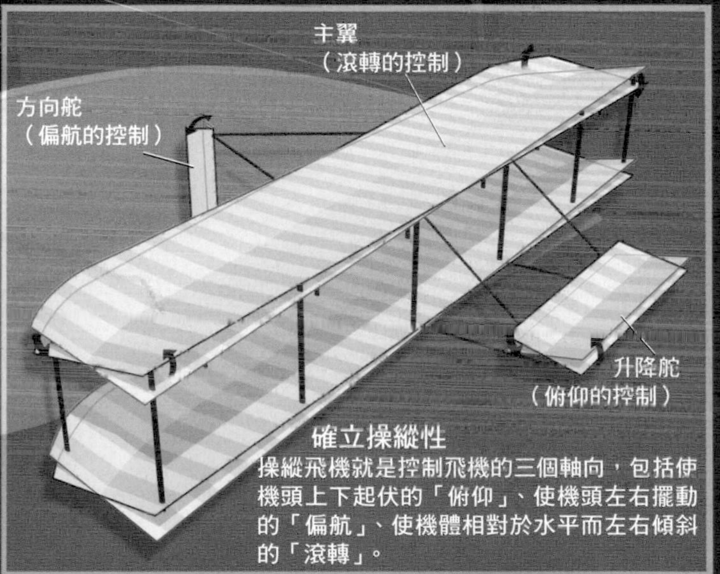

螺旋槳軸

鏈條

主翼
（滾轉的控制）

方向舵
（偏航的控制）

升降舵
（俯仰的控制）

## 確立操縱性

操縱飛機就是控制飛機的三個軸向，包括使機頭上下起伏的「俯仰」、使機頭左右擺動的「偏航」、使機體相對於水平而左右傾斜的「滾轉」。

## 方向舵

2 片方向舵與翹曲機翼連動而能夠作動。如果轉彎時只靠翹曲機翼，機體會橫滑，但可以利用方向舵加以防止。它的作用相當於保持橫向穩定性的垂直尾翼。

## 自製的發動機

4 汽缸，12匹馬力的汽油發動機。重量90公斤（包括散熱器、1.5公升的汽油和油箱等），排氣量3296cc。配置於操縱席的右側。兩兄弟計算出，所需的發動機必須是重量82公斤以下，但具有 8 匹馬力以上的輸出。他們把這個規格委託發動機廠商製造，但沒有廠商願意承製，因此兩兄弟委請店裡的機械師泰勒（Charles Edward Taylor，1868～1956）協助，自行製造這具發動機。

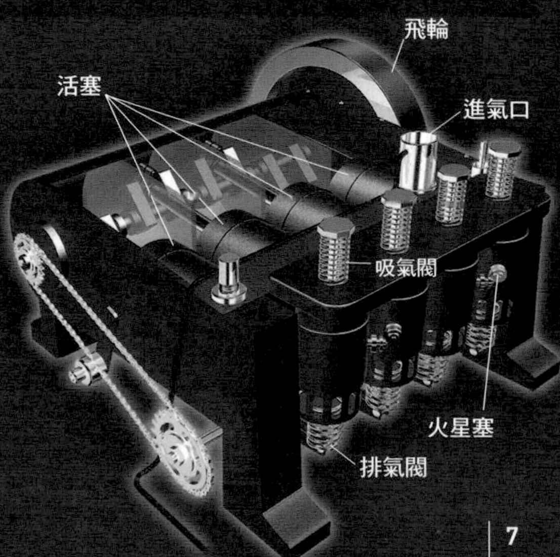

飛輪

活塞

進氣口

吸氣閥

火星塞

排氣閥

# 1903年12月17日，美國小鷹鎮

**於** 1894年某天，經營自行車店的萊特兄弟從雜誌上看到德國人李林塔爾（Otto Lilienthal，1848～1896）乘坐滑翔機在天空飛翔的相片，一時大為心動。但是在兩年後，卻聽聞李林塔爾墜機身亡的消息。萊特兄弟聽到這個噩耗備受衝擊，更加強了他們打算親手打造飛機的信念。

1899年，兩兄弟正式下定決心開發飛機，寫了一封信給自然科學權威美國史密森尼協會（Smithsonian Institution），索取有關航空研究的各種文獻。他們研讀了李林塔爾等先驅們的文獻，甚至是競爭對手蘭利（Samuel Pierpont Langley，1834～1906）的論文，深入理解空氣動力學。

雖然在1900年製造出滑翔機1號，隔年又製造出2號，但這些滑翔機所展現出來的功能並不如預期。機翼似乎沒有產生計算中應該得到的升力（lift force）。兩兄弟懊惱之餘，開始懷疑決定機翼形狀之際所參考的李林塔爾的數據。於是兩人自己打造了一個稱為風洞的實驗裝置，自行重新測定機翼產生的升力和阻力。藉此修正了李林塔爾資料中的錯誤。

風洞實驗獲得十分豐碩的成果。到了1902年，他們製造的第3架滑翔機展現了期待中的飛行能力。1903年，兩兄弟利用3號滑翔機反覆進行了多達1000次的飛行實驗，同時也磨練出高超的操縱技術。接著，他們在滑翔機上安裝了自製的發動機和螺旋槳，終於完成了萊特飛行者號。

1903年12月17日上午10時35分，兩兄弟在一整個早上都吹颳著秒速10～12公尺北風的小鷹鎮（Kitty Hawk），完成了人類第一次的載人動力飛行。

## 萊特兄弟選擇小鷹鎮做為飛行實驗地點

小鷹鎮位於美國東海岸的沙洲，是片吹颳著穩定強風的沙地。鎮上有一座稱為屠魔崗（Kill Devil Hills）的沙丘，萊特兄弟從1900年到1903年期間，一直在這裡利用這片山坡進行滑翔機實驗。迎風的飛行能夠獲得較大的升力，而且可以降低前進的速度，比較容易降落。此外，沙地的土質鬆軟，可以減低落地時的衝擊力道，提高實驗的安全性。兩兄弟在這片沙地上蓋了一間簡陋的小屋，在這裡過著宿營一般的生活。

## 凱利的滑翔機

被譽為「航空之父」的英國凱利（George Cayley，1773～1857）所設計的滑翔機。他不是採用鳥翼的思維，而是提出利用固定翼以獲得升力的現代飛機形式。他也精密地測量作用於翼面的空氣力。

## 醉心於翱翔天空之先驅者的飛機

### 達文西的鳥翼機

達文西（Leonardo da Vinci，1452～1519）所設計的「撲翼機」，是利用人力的鳥翼機，未曾實際飛行。達文西是第一個以科學方式構思人類需要藉由機器在空中飛行的人。除了這架撲翼機之外，他也留下了直升機的草圖。

### 李林塔爾的單翼式滑翔機

李林塔爾製造的滑翔機。他留下了關於空氣力作用於翼面的詳細資料。除了單翼式，他也製造了複翼式滑翔機，並且親自進行過多次飛行實驗，可惜於1896年墜機身亡。

## 1903年12月17日首次飛行終於成功

萊特飛行者號於12月14日嘗試進行第一次飛行。擲硬幣的結果，決定由哥哥威爾伯負責操縱飛機。可惜飛行失敗，機體破損。修復後，於12月17日再度向首次飛行挑戰。這次輪到弟弟奧維爾負責操縱飛機。他們鋪設了南北走向的滑行用軌道（長18公尺），讓飛機沿著軌道朝北起飛，滑行了約11公尺後，終於飄浮上去。雖然飛行距離只有短短的36公尺，卻寫下了人類首次載人動力飛行的歷史新頁。有5個人在一旁見證了這歷史性的一刻。這一天，兩兄弟輪番上陣操縱飛機，總共成功地飛行了4次。

第4次 上午12時00分，飛行時間59秒，距離260公尺，威爾伯操縱。

起飛點

第3次 上午11時40分，飛行時間15秒，距離60公尺，奧維爾操縱。

第2次 上午11時00分，飛行時間13秒，距離58公尺，威爾伯操縱。

第1次 上午10時35分，飛行時間12秒，距離36公尺，奧維爾操縱。

氣流

把空氣送進風洞的風扇機

機翼的模型（相對於氣流平行設置）

空氣進氣口

## 萊特兄弟進行的準備實驗

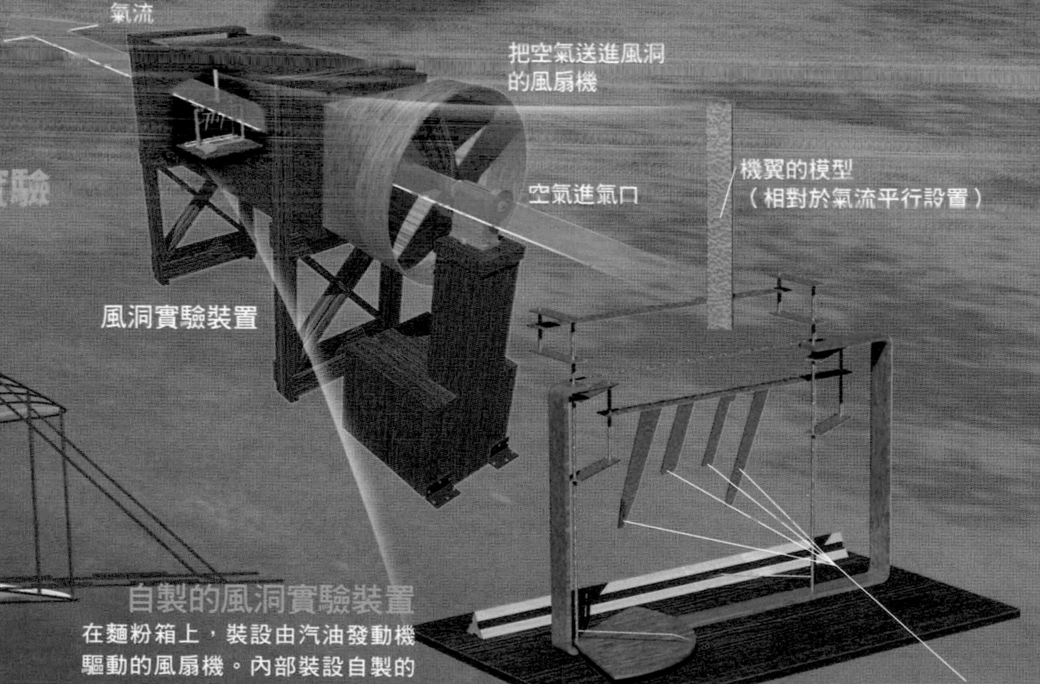

風洞實驗裝置

### 自製的風洞實驗裝置

在麵粉箱上，裝設由汽油發動機驅動的風扇機。內部裝設自製的天平，在天平安裝縮小版的機翼模型，以便測量風所產生的升力和阻力。萊特兄弟藉此取得了多達200種機翼的資料，依此決定最合適的翼面形狀和翹曲的程度。

### 1900年的滑翔機模型

無人滑翔機利用繩索連結，像風箏一般地飛行。在這架滑翔機上，已經建立了利用翹曲機翼操縱機體的機制。兩兄弟後來在1901年製造了2號機，1902年製造了3號機（都是載人機）。

平板（相對於氣流垂直設置）

### 計測機翼升力的天平

要求機翼模型承受氣流而產生的升力，必須和平板垂直受風而產生的推力取得平衡，藉此求得機翼的升力。

# 117年航空史上所誕生的各種極致飛機

**從**萊特兄弟完成第一次載人動力飛行的1903年，到現在已經過了117個年頭。在這期間，航空工程的進展可以說是突飛猛進，其中最值得一提的，是推進裝置的進化使飛機的活動範圍飛躍式地擴大。

繼萊特飛行者號之後陸續登場的各種螺旋槳飛機，無論在操縱性、續航距離以及飛行速度等方面，都以日新月異之勢不斷更新。尤其在兩次世界大戰期間，全球各國爭相開發戰鬥機，把螺旋槳飛機的性能推上了極致顛峰。在第二次世界大戰中，開發出時速超過700公里的戰鬥機。

噴射發動機和火箭發動機的問世，讓飛機後來的高速化和大型化有了飛躍性的進展。在1947年，也就是奧維爾結束傳奇一生的前一年，搭載火箭發動機的火箭飛機X-1突破了音速（時速約1200公里）的障礙。

螺旋槳飛機和噴射式飛機，在原理上都是使用空氣中的氧做為燃料，燃燒氧以獲得推進力，只能在有空氣的場域飛行。相對地，搭載火箭發動機的火箭飛機，不用空氣而改用氧化劑，所以在沒有空氣的場域也能獲得推進力，這一點可以說是劃時代的變革。也就是說，由於火箭發動機的出現，使得人類終於掌握了關鍵性的推進方法，而能夠前往沒有空氣的世界，亦即太空。

## 近年主要航空史

| | |
|---|---|
| 1903 | 萊特兄弟駕駛萊特飛行者號完成首次載人動力飛行。 |
| 1909 | 布萊里奧（Louis Blériot，1872～1936）駕駛螺旋槳飛機橫渡多佛海峽。 |
| 1927 | 林白（Charles Lindbergh，1902～1974）單獨駕駛螺旋槳飛機橫渡大西洋。 |
| 1947 | 葉格（Charles Elwood Yeager，1923～）駕駛火箭飛機X-1完成世界首次超音速飛行。 |
| 1949 | 第一架噴射式客機哈維蘭彗星號（de Havilland Comet）完成首次飛行。 |
| 1963 | 火箭飛機X-15建立了最高高度紀錄。 |
| 1967 | 火箭飛機X-15建立了最快速度紀錄。 |
| 1968 | 世界第一架超音速客機（supersonic transport，SST）圖波列夫Tu-144號（Tupolev Tu-144，北約代號為戰馬，Charger）完成首次飛行。 |
| 1969 | 巨型噴射式客機波音747完成首次飛行。 |
| 1969 | 超音速客機協和號（Concorde）完成首次飛行。 |
| 1981 | 太空梭哥倫比亞號（Columbia）完成首次飛行。 |
| 1986 | 旅行者號完成無著陸、無加油繞行世界一周的飛行。 |
| 2007 | 史上最大噴射式客機空中巴士A380投入航運。 |
| 2016 | 太陽動力2號（Solar Impulse II）完成繞行世界一周。 |

## X-15

X-15是美國航空暨太空總署（NASA）與其前身美國航空諮詢委員會（NACA）等機構開發的極高度、極速度試驗機。這架火箭飛機雖然全長15.97公尺，但主翼極短，翼展只有6.83公尺，外形與其說是飛機，更像是火箭。1963年達到的最高高度紀錄10萬7960公尺，1967年達到時速7297公里（6.72馬赫）的最快速度紀錄，以載人飛行紀錄來說，至今尚未被打破（太空梭之類的太空船不計）。以X-15為代表的X系列創下的高高度、極超音速飛行實驗的成果，對後來太空梭的開發貢獻良多。

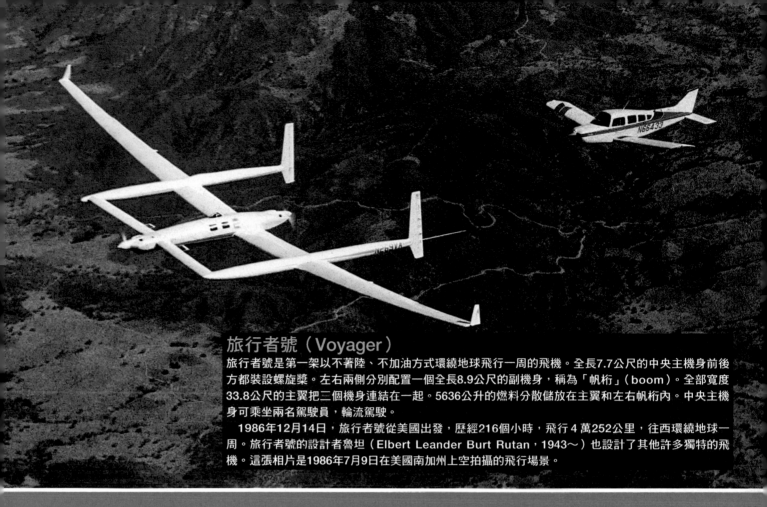

## 旅行者號（Voyager）

旅行者號是第一架以不著陸、不加油方式環繞地球飛行一周的飛機。全長7.7公尺的中央主機身前後方都裝設螺旋槳。左右兩側分別配置一個全長8.9公尺的副機身，稱為「帆桁」（boom）。全部寬度33.8公尺的主翼把三個機身連結在一起。5636公升的燃料分散儲放在主翼和左右帆桁內。中央主機身可乘坐兩名駕駛員，輪流駕駛。

1986年12月14日，旅行者號從美國出發，歷經216個小時，飛行4萬252公里，往西環繞地球一周。旅行者號的設計者魯坦（Elbert Leander Burt Rutan，1943～）也設計了其他許多獨特的飛機。這張相片是1986年7月9日在美國南加州上空拍攝的飛行場景。

## 空中巴士A380

空中巴士（Air Bus）公司的巨型客機。機身全長73公尺，主翼全寬79.8公尺，是史上最大的客機。順便一提，在此之前最大的客機，是波音公司（Boeing）的波音747，暱稱為「巨無霸客機」（Jumbo Jet），機身全長70.66公尺，主翼全64.4公尺（波音747-400型）。

# 向萊特兄弟學習嶄新的航空工程知識

「**我**」對於比空氣重的飛行機器，一丁點的信心都沒有。」在那看待遨翔天際還是個夢想的年代，威重一時的英國皇家學會會長克耳文（William Thomson，1st Baron Kelvin，1824～1907）在1895年說出了這番話。但是在僅僅8年之後的1903年，經營自行車店的美國兩兄弟卻把這個不可能化為可能。

萊特兄弟真正立下志向要從事動力飛機的開發，是在1899年的時候。令人嘖嘖稱奇的是他們才花了短短4年的時間，就完成了開發大業。使他們獲得成功的重要因素，究竟是什麼呢？他們是不是曾經向航空界的先驅們學習到了什麼訣竅呢？

## 質疑李林塔爾的數據

高中畢業就立刻投入商業經營的萊特兄弟，並沒有在大學等處接受過專業教育。但是他們投入開發工作的身影，可說就是個不折不扣的科學家。

萊特兄弟下定決心開發飛機之後，第一步是設法取得眾多先驅者的文獻，認真研讀他們的研究成果。他們特別重視李林塔爾的研究，並且根據他所留下的機翼空氣力學數據，打造了滑翔機。但是，這架滑翔機並未產生預期中的升力，使得他們的開發工作阻滯不前。

百般苦惱之餘，他們開始懷疑李林塔爾的數據，於是自己製造了風洞實驗裝置，重新測量機翼產生的升力和阻力。最後，發現李林塔爾的升力數據有錯誤。兩個人因此事而大有感悟。

萊特兄弟恍然大悟，即使是偉大前人所留下的資料，也不可以盲目信從，必須相信自己的經驗，進行科學實驗做徹底的檢視才行。或許，這就是他們成功的原因所在吧！

## 競爭首次飛行的蘭利教授授

對於期望完成世界第一次載人動力飛行的萊特兄弟來說，最大的競爭者可以說是史密森尼協會理事長蘭利教授。他從美國政府領取了高額的研究補助，企圖奪下第一個載人動力飛行的創舉。

1903年10月7日，蘭利教授開發的「蘭利機場號」（Langley Aerodrome）在聚集大批觀眾的華盛頓波多馬克河挑戰第一次載人飛行。1896年，他曾經在這個

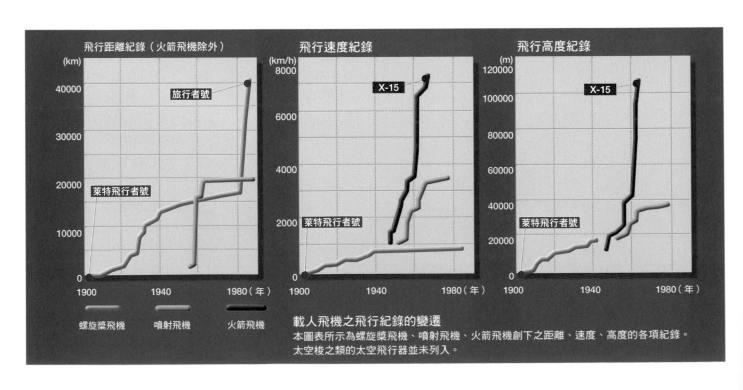

載人飛機之飛行紀錄的變遷
本圖表所示為螺旋槳飛機、噴射飛機、火箭飛機創下之距離、速度、高度的各項紀錄。
太空梭之類的太空飛行器並未列入。

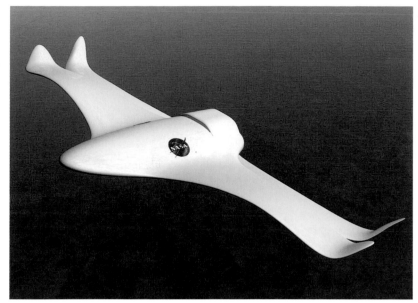

**NASA研發的可變形機翼飛機**

NASA從鳥類等生物取得靈感，研發嶄新概念的飛機。左圖為NASA正在研究的「二十一世紀航空太空載具」（21st Century Aerospace Vehicle）的想像圖（電腦繪圖）。預定採用主動可變形機翼，利用感測器偵測機翼全表面承受的空氣壓力。根據這項資訊，隨時把機翼調整變成最合適的形狀。此外，這種新型飛機擺脫了飛機是由機身、機翼等「要素」組合而成的傳統概念，改採把機身和機翼等要素結合成為渾然一體的設計。

地方進行蘭利機場號的縮小模型無人飛行實驗，獲得完美的成功。

實體大小的蘭利機場號由蘭利教授的助手負責駕駛，配備了遠比萊特飛行者號更優異的發動機。不料，飛機根本沒有起飛，直接掉進波多馬克河。兩個月後的12月8日，蘭利教授進行第二次挑戰，依舊以失敗收場。僅僅9天之後，萊特兄弟完成了第一次飛行。

## 萊特兄弟勝出的原因為何？

蘭利教授的失敗和萊特兄弟的成功，兩者之間究竟存在著什麼樣的差異呢？決定勝負的最大區別，在於邁向載人動力飛機這個目標的途徑有所不同。蘭利教授認為，先製造無人的小飛機，再將之大型化讓人員能夠乘坐，即可製造出載人飛機。

而相對地，萊特兄弟則是先完成人員能夠操縱的滑翔機，再把滑翔機加裝發動機

和螺旋槳等推進裝置，從而製造出載人動力飛機。從一開始，萊特兄弟的目標就是打造「人類操縱的飛機」，即使以今天的知識觀點來看，這個策略可說是合情合理。

蘭利教授的另一個敗因，在於他沒有注意到縮小模型和放大實物飛行，兩者間隱藏著巨大的技術差異！

## 顛覆常識的新型機翼

自達文西以來，有很長一段期間，人們一直企圖利用模仿鳥類翅膀的撲翼機（ornithopter）飛上天際，但所有嘗試皆以失敗告終。後來，凱利（George Cayley，1773～1857）提出固定式機翼的概念，使得飛機有了重大的發展。在這一百年間，螺旋槳飛機、噴射式飛機、火箭飛機等新型飛機陸續問世，但這些飛機全都採用整體機翼不會變形的固定翼。像萊特兄弟的翹曲機翼這種使整體機翼產生變形的方式，已經不再符合近代航空

工程的常識了。

但有趣的是，就在最近，人們再度展開了使整體機翼產生變形的研究，這種機翼稱為「主動可變形機翼」（active morphing wing）。

這是一種使整個機翼積極主動地變形，以便應對飛行中各種狀況的機翼。例如，鳥類在起飛時，為了獲得較大的升力，會把翅膀大幅張開，但在以高速飛行時，大幅張開的翅膀會受到較大的阻力，反而不利。因此，鳥類會把翅膀收摺起來，以便減少阻力。基於這樣的原理，NASA（美國航空暨太空總署）和DARPA（美國國防先進研究計畫局）等機構啟動了主動可變形機翼的研究，俾機翼能在高空大膽地改變形狀。

如果萊特兄弟死抱著李林塔爾的數據不放，他們必定不會成功。無論在哪個時代，唯有顛覆傳統知識的發想，才能獲得飛躍的成長。

# 完全圖解 民航客機

**重**達數百公噸的金屬結構體,為什麼能飛上天空呢?在第1章,我們將為您解剖全長73公尺、全寬80公尺、最大重量560公噸的史上最大客機「空中巴士A380」,為您解說藏在飛機背後「翱翔天空的祕密」。

監修　淺井圭介

# 史上最大的雙層客艙客機「A380」大解剖

**具**有雙層客艙的史上最大客機「A380」，由歐洲的空中巴士公司所製造生產。客艙實用面積達到美國波音公司（Boeing）製造的「波音747」（暱稱「巨無霸噴射客機」）的1.5倍。全長（從機頭到機尾）為72.72公尺，翼展

（從主翼的一端到另一端的全寬）為79.75公尺。這個尺寸很容易讓人聯想起足球場的大小（105公尺×68公尺）！從地面到垂直尾翼頂端的高度為24.09公尺，相當於8層樓的建築物。包括機體和燃料、乘客及貨物的總重量，最大可達

到560公噸。

為什麼如此笨重又龐大的金屬結構物能夠飛上天空呢？且讓我們一邊觀察A380為了翱翔天際而精心設計的種種機制，一邊解析飛機能夠飛行的祕密吧！

## 客艙
標準客艙為4級式（頭等艙、商務艙、豪華經濟艙、經濟艙），座位數為400～550個。插圖所示為全日本空輸股份有限公司（ANA）的客艙配置。在ANA的A380內，二樓的前段有8個頭等座，中段有56個商務座，後段有73個豪華經濟座。一樓有383個經濟座。值得一提的是，在ANA的A380內，經濟艙後段的6排有60個座位是臥榻式座椅（ANA COUCHii）（插圖中未顯示）。

## 天線
與地面管制塔台之間進行通訊的「通訊用天線」、接收GPS電波的「航行用天線」等各種天線，安裝於機體的各個部位。

## 頭等艙

## 服務艙門
機體右側的機艙門。用來把下次飛行所需的飲料食物、銷售物品運入機內。此外，也當緊急逃生出口使用。一樓有5個，二樓有3個。

## 駕駛艙
詳見第22頁。

## 整流罩
機體前端圓罩形的部分稱為「整流罩」（radome，雷達罩）。裡頭配備了雷達裝置，用於偵測前方最遠約600公里的氣象狀況。利用這個裝置，能夠預先掌握雲的位置和大小，避開亂流，把機體的搖晃壓抑到最小的限度（詳見第44頁）。

1.7公尺

## 鼻輪

## 貨艙
三層構造機身的最下層為貨艙。如圖所示，堆積著貨櫃。承載貨物的最大重量（最大酬載）為91公噸左右，是客機中載重最大。

## 經濟艙

## 機上廚房
調理及準備食物的地方。

## 最大重量 560 公噸的「超級巨無霸」

插圖所示為空中巴士公司開發的史上最大客機「A380」。標準客艙為4級式（頭等艙、商務艙、豪華經濟艙、經濟艙），共有400～550個座位。依不同航空公司的需求客製化成不同的內部裝設。本圖所示為全日本空輸股份有限公司（ANA）A380的客艙配置（但未顯示ANA COUCHii，這是一種非屬標準座椅的臥榻式座椅，只要收起座位間的扶手，升起相鄰座位的小腿承托墊，即可變成臥床）。

由於它比暱稱「巨無霸噴射客機」的波音747還要大上許多，所以也被稱為「超級巨無霸」。在零下30˚C的酷寒環境中確保發動機性能的「酷寒測試」、在沙漠地帶實施的「酷暑測試」等等，歷經2500小時以上的測試飛行之後，終於在2007年正式完成。

A380的客艙有兩層，和傳統客機相較，客艙內非常安靜，是它的一大特色。

**上方防撞燈**
避免與其他飛機相撞而設置的航行燈。在起步移動準備起飛前就開始亮燈，在航行途中不分晝夜一律亮著燈。

**塗裝**
外表的塗裝並非只是畫上公司的標誌和名稱，而是具有防止生鏽等重要功能。塗裝的厚度雖然只有薄薄的0.1毫米，但整體算起來也重達好幾公噸。每隔4至5年要進行「D級維修」時，就要重新塗裝一次（詳見第40頁）。

**機身**
內部分為三層，上面兩層是客艙，下面一層是貨艙。使用新材料，使得機身的框架間隔能夠拉寬到傳統構造的2倍，達到輕量化的目的（詳見第34頁）。

商務艙

經濟艙

**渦輪扇發動機**
A380搭載4具渦輪扇發動機。詳見第20頁。

**翼輪**

兩片主翼分別安裝4個機輪。詳見第20～23頁。

**後方壓力隔板**
客機在上空10公里的高度飛行時，駕駛艙和客艙都必須加壓，才不致於缺氧。這個加壓的機身部分和更後方的尾部之間，以後方壓力隔板區隔開。當機內加壓時，機內和機外之間會產生壓力差，所以機身構材必須具有耐受這個力的強度，承受往外膨脹的力。壓力隔板所承受的力更大。由於裝設了壓力隔板，才能使客艙維持加壓的狀態。隔板後方的部分不須加壓，直接與外部空氣連通。

**複合材料**
對於體型巨大的A380來說，機體的輕量化絕對有其必要。因此，A380的水平尾翼、垂直尾翼、二樓客艙地板、後方壓力隔板等處使用強固輕盈的「碳纖強化塑膠（CFRP）」等複合材料。CFRP是把碳纖加上環氧樹脂（epoxy resin）加以強化而製成的材料，兼具輕量和強度的優點（詳見第34頁）。

**旅客艙門**
機體左側的機艙門。機體前方的艙門可供乘客進出，機體後方的艙門做為貨物搬運及緊急逃生口使用。一樓有5個，二樓有3個。

豪華經濟艙

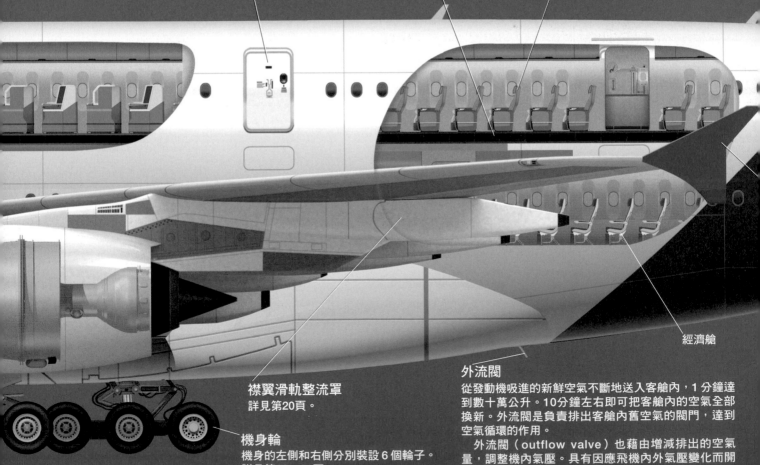

襟翼滑軌整流罩
詳見第20頁。

**機身輪**
機身的左側和右側分別裝設6個輪子。
詳見第20～23頁。

經濟艙

**外流閥**
從發動機吸進的新鮮空氣不斷地送入客艙內，1分鐘達到數十萬公升。10分鐘左右即可把客艙內的空氣全部換新。外流閥是負責排出客艙內舊空氣的閥門，達到空氣循環的作用。
　外流閥（outflow valve）也藉由增減排出的空氣量，調整機內氣壓。具有因應飛機內外氣壓變化而開關的機制。

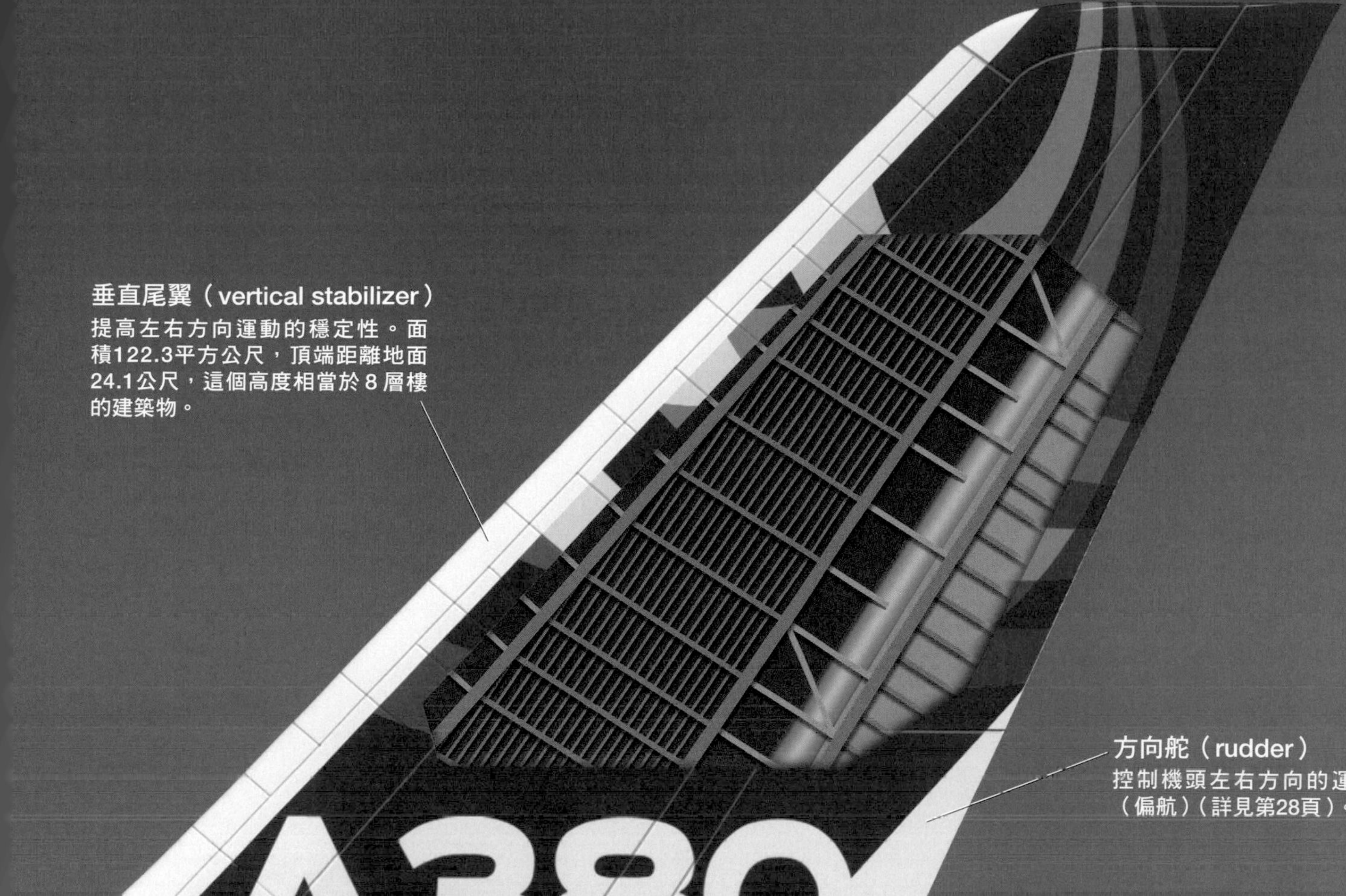

**垂直尾翼（vertical stabilizer）**
提高左右方向運動的穩定性。面積122.3平方公尺，頂端距離地面24.1公尺，這個高度相當於8層樓的建築物。

**A380**

**方向舵（rudder）**
控制機頭左右方向的運動（偏航）（詳見第28頁）。

**水平尾翼（horizontal stabilizer）**
提高上下方向運動的穩定性。面積205.6平方公尺，寬度30.37公尺。

**輔助動力裝置（APU）**
輔助發動機。在地面待機期間，因裝設於主翼的主發動機關閉，利用這個裝置進行發電，用於驅動空調、開啟照明等（這些用途有時也會利用機場設備的地面電源）。此外，也用於供應啟動主發動機所需的動力。一旦主發動機開始動作，APU就會停止運作。
最大輸出為1343kW以上，是世界最大級別的APU。

**翼尖擋板（wingtip fence）**
能夠減低小渦流在翼尖處形成時所產生的空氣阻力。詳見第23頁。

# 詳細了解A380的性能

從 A380機體正前方觀察即可發現，比起機身的大小，主翼真是非常地長！而且在左右兩側主翼的下方，總共配載了4具巨型的渦輪扇發動機（turbo fan engine）。每具發動機的重量約6.5公噸。由於主翼及主翼根部使用輕盈強固的「鋁合金」製成，所以就算是如此細長的機翼也不至於折斷。

左右兩片主翼的面積合計達到845平方公尺，相當於兩座籃球場。藉由這種巨大機翼產生的「升力」，A380才能在天空飛翔。

A380所配載的渦輪扇發動機非常強大有力，每具產出的推力最大可達30公噸以上。

**舷燈（綠）**

在夜間也能判知客機的行進方向。每架客機都是在左側主翼的翼尖裝設紅色舷燈，右側主翼的翼尖裝設綠色舷燈。因此，在空中看見前方有其他飛機時，可由舷燈的顏色立即判斷該飛機是朝自己的方向飛來，或遠離而去。

**主翼**

產生「升力」使又大又重的A380能夠浮起來的機翼。此外，也可操作主翼的「副翼」（aileron，輔助翼）進行迴轉運動（轉向）（詳見第28頁）。

全寬79.75公尺，左右兩片主翼面積合計845平方公尺，相當於波音747主翼面積的1.5倍。主翼絕大部分由鋁合金打造而成，內部當做油箱使用（詳見第24頁）。

**襟翼滑軌整流罩（flap track fairing）**

是用來操作「襟翼」（詳見第26頁）的裝置。襟翼位於主翼後方，往外伸出可產生更大的「升力」。驅使襟翼移動的套管和襟翼沿著滑動的軌道等裝置都包藏在整流罩裡面。為了減少飛行中的空氣阻力，外面用蓋板包覆。

**渦輪扇發動機**

吸進大量空氣，再利用風扇加速噴出，以便獲得推力。吸進空氣的風扇直徑約3公尺，每秒鐘能把大約1公噸的空氣以時速560公里的速度吸入。最大推力為34.5公噸重，燃燒溫度超過2000℃。此外，也具有發電機的功能，可供電給客艙內部和操作系統（詳見第30頁）。

## 使巨大機體浮升起來的細長主翼

本圖從前方觀看史上最大的客機「A380」（第20～23頁）。儘管A380的全寬（翼展）為79.75公尺，但它的厚度平均只有1公尺。主翼則兼具油箱的功用，最大可裝載32萬5550公升的燃料（詳見第24頁）。

A380配載的發動機，可選擇「特倫特900」（Trent 900）或「GP7000」其中一種（圖中所示為特倫特900）。從正面看去，特倫特900為順時針旋轉，GP7000為逆時針旋轉。發動機中央設置的螺旋紋路，除了用於防止鳥類撞擊（bird strike），也可協助維修技師立即掌握發動機是在旋轉或停止的狀態。

### 垂直尾翼
提高橫向受風的穩定性。此外，操作垂直尾翼的「方向舵」，可使機頭左右擺動（詳見第28頁）。

### 皮托管（pitot tube）
皮托管是測定飛行速度的裝置，也稱為空速管或風速管。空氣的壓力分為靜壓（大氣壓）和動壓（因運動而產生的壓力）。皮托管測量這些壓力的總和（總壓），並用前面的「靜壓孔」測量靜壓。依據這些數值，可求算出空速（相對於大氣的飛行速度）。皮托管在機頭的兩側表面各有2個，合計4個。

### 落地裝置
落地裝置（起落架）由輪胎、輪軸、緩衝裝置等構件組成。A380有裝設於機體前方的鼻輪（2輪），和裝設於機身的機身輪（合計12輪），以及裝設於主翼的翼輪（合計8輪），總共22個輪子。

翼輪和機身輪的輪胎直徑140公分，寬度53公分。鼻輪的輪胎比較小，直徑127公分，寬度45.5公分。這些巨大的輪胎和緩衝裝置會吸收落地時的衝擊（詳見第38頁）。

### 落地燈
照亮滑行道及跑道的白熾燈。

靜壓孔

翼輪（4輪）

機身輪（6輪）

**結冰感測器**

發動機或主翼如果結冰，有導致故障或失速的危險性。因此，利用這個感測裝置偵測機體的結冰狀態。如果偵測到結冰，會採取把機翼前緣區加熱以防止結冰等因應措施。

**駕駛艙**

機師和副機師駕駛飛機的場所。基本上，由一位機師負責操控，另一位機師負責與管制塔台進行無線通訊等作業。前面架設 8 具最新的液晶顯示器，顯示當前的位置、高度、巡航路線等資訊（詳見第32頁）。

**水平尾翼**

提高上下運動的穩定性。此外，操作水平尾翼的「升降舵」，可使機頭上仰或下俯（詳見第28頁）。水平尾翼的內部，和主翼一樣也當油箱使用（詳見第24頁）。

**落地燈**

1.7公尺

鼻輪（2輪）

機身輪（6輪）

翼輪（4輪）

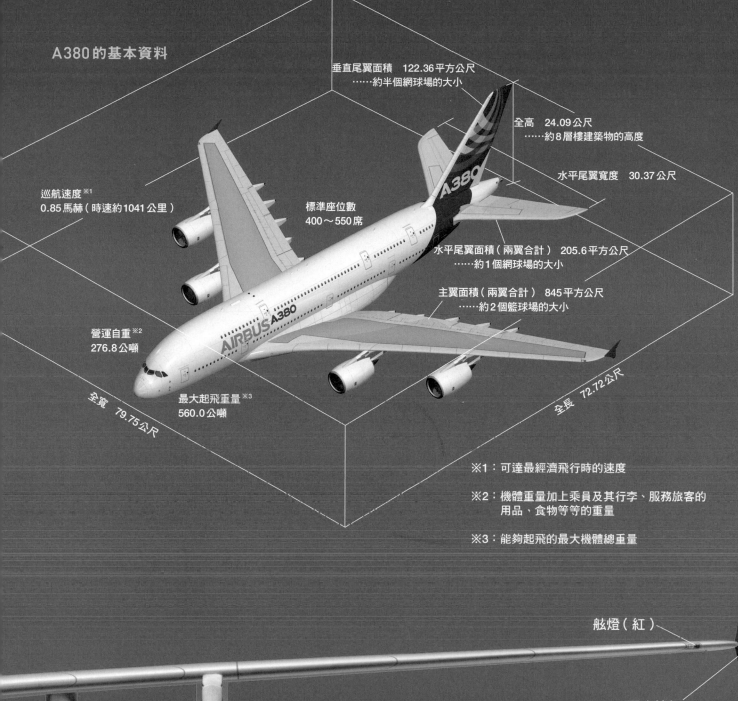

## A380 的基本資料

垂直尾翼面積　122.36平方公尺
……約半個網球場的大小

全高　24.09公尺
……約8層樓建築物的高度

水平尾翼寬度　30.37公尺

標準座位數
400〜550席

水平尾翼面積（兩翼合計）　205.6平方公尺
……約1個網球場的大小

巡航速度※1
0.85馬赫（時速約1041公里）

主翼面積（兩翼合計）　845平方公尺
……約2個籃球場的大小

營運自重※2
276.8公噸

空寬　79.75公尺

最大起飛重量※3
560.0公噸

全長　72.72公尺

※1：可達最經濟飛行時的速度

※2：機體重量加上乘員及其行李、服務旅客的
　　用品、食物等等的重量

※3：能夠起飛的最大機體總重量

舷燈（紅）

### 翼尖擋板

主翼的上翼面和下翼面有壓力差，所以會產生
由下往上捲繞進來的旋渦，稱為「翼尖渦流」
（wing tip vortxe）（詳見第42頁）。翼尖渦流
會增加空氣阻力，使得飛機的耗油量增加。
　在A380的主翼末端，裝有一片箭頭形的小
板子，稱為「翼尖擋板」。這片小板子具阻擋
作用，使氣流不會由下翼面捲向上翼面。光是
裝設翼尖擋板，就能改善約5％的耗油量。

# 大量燃料存放於主翼及水平尾翼

讓我們來看看機翼的構造！機翼的內部，由「翼梁」（spar）和「翼肋」（rib）這兩種隔間材縱橫交織組合而成，再加上細長的骨材「翼縱梁」（stringer）確保強度。這樣的構造有如多個箱子排列，因此，也可以用來存貯所謂飛機血液的「燃料」。以A380來說，燃料不只存放在主翼內部的主油箱（main tank），也有一部分存放在水平尾翼內部的俯仰調整油箱（trim tank），總容量達到32萬5550公升（26萬440公斤。燃料每1公升以0.8公斤計算）。

燃料存放在主翼內部的理由，主要有兩個。第一個是「重心」。機體的重心位於主翼附近。如果燃料不是存放在主翼附近，則當裝滿大量燃料要起飛時，以及燃料幾乎用光要降落時，重心位置都會大幅改變，因而增加操縱的困難。

第二個存放目的是「壓重物」（weight）。在飛行中主翼會承受向上的「升力」（詳見第42頁）。這個力量十分龐大，相當於飛機整體的重量。以A380來說，單片主翼所承受的力最大可達280公噸。另一方面，機翼也會承受向下的重力。假設把燃料存放在機身，機翼的重量變輕，則重量集中於機身，將導致作用於主翼根部的荷重變大。但如果把燃料存放在機翼，便可以讓作用於主翼根部的荷重少掉這些燃料的重量（參照右頁下圖）。

**油箱**
主翼為了耐受翹曲、扭轉等所產生的力量，不是只做成橋桁式的結構，而是內部隔成許多小室。這樣的構造正好適合做為油箱使用。

**加油口**
燃料由主翼下方的加油口補給。採取把燃料加壓的「壓力式補給」，只需15分～30分即可完成加油。

**翼肋**
創造出流線形翼型的骨材。從機翼的前緣延伸至後緣。

**翼梁**
機翼的主幹骨材。從翼根延伸至翼尖。

註：還有支撐外板的骨材「翼縱梁」，圖中未顯示。

## 燃料具有重心調整與壓重物的作用

本圖為A380的油箱位置。A380的燃料存放在主翼和水平尾翼內部。主翼內部的油箱又分隔成許多個小室（油箱的界線以黃色虛線表示）。

油箱分隔成小室，透過油泵供應給各具發動機。在最大輸出的狀況下，1具發動機1秒鐘要消耗掉6公升的燃料。

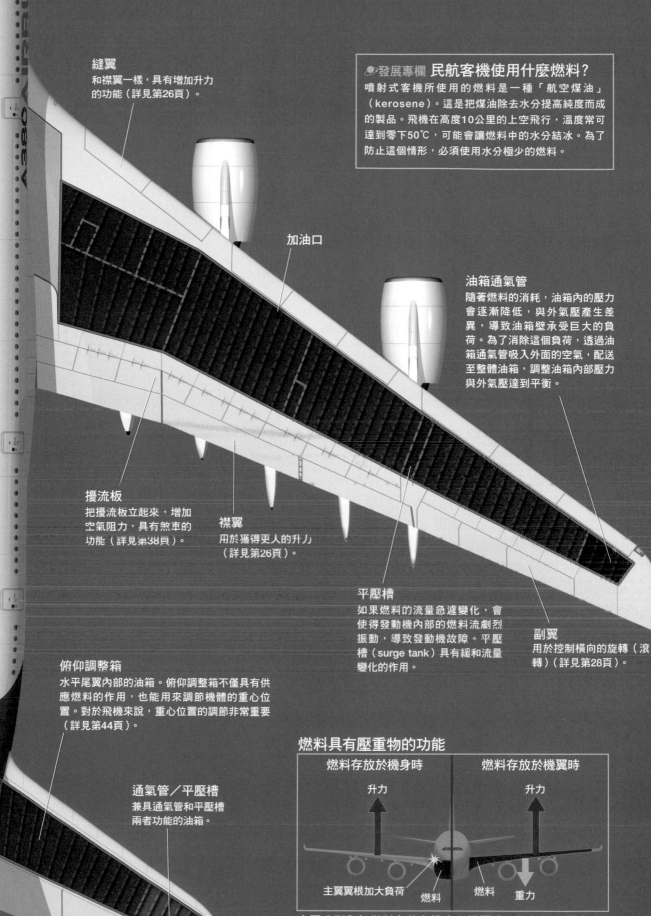

**縫翼**
和襟翼一樣，具有增加升力的功能（詳見第26頁）。

**加油口**

🌀發展專欄 **民航客機使用什麼燃料？**
噴射式客機所使用的燃料是一種「航空煤油」（kerosene）。這是把煤油除去水分提高純度而成的製品。飛機在高度10公里的上空飛行，溫度常可達到零下50℃，可能會讓燃料中的水分結冰。為了防止這個情形，必須使用水分極少的燃料。

**油箱通氣管**
隨著燃料的消耗，油箱內的壓力會逐漸降低，與外氣壓產生差異，導致油箱壁承受巨大的負荷。為了消除這個負荷，透過油箱通氣管吸入外面的空氣，配送至整體油箱，調整油箱內部壓力與外氣壓達到平衡。

**擾流板**
把擾流板立起來，增加空氣阻力，具有煞車的功能（詳見第38頁）。

**襟翼**
用於獲得更人的升力（詳見第26頁）。

**平壓槽**
如果燃料的流量急遽變化，會使得發動機內部的燃料流劇烈振動，導致發動機故障。平壓槽（surge tank）具有緩和流量變化的作用。

**副翼**
用於控制橫向的旋轉（滾轉）（詳見第28頁）。

**俯仰調整箱**
水平尾翼內部的油箱。俯仰調整箱不僅具有供應燃料的作用，也能用來調節機體的重心位置。對於飛機來說，重心位置的調節非常重要（詳見第44頁）。

**通氣管／平壓槽**
兼具通氣管和平壓槽兩者功能的油箱。

**燃料具有壓重物的功能**

| 燃料存放於機身時 | 燃料存放於機翼時 |
| --- | --- |
| 升力 | 升力 |

主翼翼根加大負荷　燃料　　　燃料　重力

本圖分別為把燃料存放在機身和機翼時，施加於主翼之力的差異。如果把燃料存放在主翼，則施加於燃料的重力可減輕翼根的負荷。吊掛在主翼的發動機也具有相同的效果。

# 藉巨大機翼從推進力產生的「升力」飛上雲霄

起飛

飛機能夠乘著氣流飛行的祕密，在於它擁有「翅膀」。

飛機的翅膀，也就是機翼，藉由承受來自機翼前方的風，能有效率地將其轉為抬升機翼的力。這個相對垂直於飛行方向的力稱為「升力」（詳見第42頁）。飛機就是運用空氣（流體）所具有的這種性質，使機身浮升起來。以下將探討起飛時機翼的作用，藉以了解升力的變化。

飛機的速度越大，或者機翼的面積越大，則升力越大。起飛時，由於跑道的長度以及安全上的考量，使得飛機的速度受到限制。因此必須儘量增大主翼的面積。這時，就要善用位於主翼後緣的「襟翼」（flap）了。把襟翼伸出並降下，可以增加主翼的面積，而獲得較大的升力（右頁下方框圖）。再者襟翼也可以將機翼後緣往下方彎折，使氣流轉而朝下流動，藉此來增加升力。

光是這樣，還不足以使飛機浮升起來。如果要能起飛，還必須把機頭往上抬才行。為了做到這一點，就必須運用「升降舵」（elevator）。升降舵是安裝於水平尾翼後部的可動翼片，將之上下擺動，能夠改變升力的大小（詳見第28頁）。起飛時，升降舵往上擺，使得在水平尾翼產生的朝下升力增大。這麼一來，就能把機尾往下壓，從而使機頭往上揚。結果，主翼與地面的夾角改變，產生更大的升力，於是飛機就能夠飛起來了。

**1.** 飛機徐徐地加快速度。只要超過「起飛決定速度（$V_1$）」（take-off decision speed，中止速度），即使後來發動機有一部分停止運轉，也必須繼續加速起飛。因為，就算臨時踩煞車想把它停住，也必定會衝出跑道盡頭。$V_1$是依據跑道長度和機體總重量而定的，不過通常在時速260公里左右。此外，這個時候襟翼（參照本文）已經降下來了。

**2.** 飛機的速度繼續提高，一旦達到開始拉抬機頭的「抬頭速度（$V_R$）」（rotation speed），機師就會把水平尾翼的「升降舵」往上擺。這麼一來，在水平尾翼產生的朝下升力會增大，使機頭往上抬起，前輪（鼻輪）接著離開地面。$V_R$通常在時速300公里左右。

## 主翼和水平尾翼產生的升力

圖示為A380從加速到起飛的過程（1～3）。起飛時，A380
在約 3 公里長的跑道上奔馳，加速到時速約300公里。然
後，把水平尾翼的「升降舵」往上擺，壓低機尾使機頭往
上抬升，機身始離開地面。

**縫翼**
和襟翼一樣是用來增加升力的裝置。襟翼把主翼前緣
包覆成圓形，同時向前伸出而與主翼之間形成小小的
縫隙。如此可以讓下翼面的空氣經由這個縫隙流到上
翼面，使主翼周圍的氣流更加順暢，從而得到更大的
升力。

**機頭**
起飛時，抬起到
大約15度左右。

**在主翼產生朝上的升力**

**襟翼**

**在水平尾翼產生
朝下的升力**

**襟翼**
也稱為高升力裝置。主翼的面積越大，則在主翼
產生的升力也越大。升力與速度的 2 次方成正比
增加，所以當起飛的速度不夠快時，要把襟翼往
下降，以便增加升力。此外，也具有把機翼後緣
往下彎折以便增加升力的作用。

**升降舵**
控制機頭的俯仰動作。利用上
下擺動的操作，改變氣流相對
於水平尾翼的角度，使飛機上
升或下降。起飛時，把升降舵
往上擺，將使機頭往上抬。

**3.** 機頭往上抬，使主翼相對於氣流的角
度（攻角）增大。攻角增大，則升力
也會增大，所以飛機就能夠浮升起來
（詳見第42頁）。

### 起飛時在機翼產生的升力

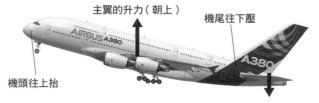

主翼的升力（朝上）

機尾往下壓

機頭往上抬

水平尾翼的升力（朝下）

起飛之際，水平尾翼的「升降舵」往上擺，增加朝下的升力，把機尾往下
壓。結果，使機頭往上抬，從而使在主翼產生的升力更大，飛機便浮升起
來了。

# 飛機利用水平尾翼和垂直尾翼穩定飛行

滾轉
（沿縱軸轉動）

飛機起飛後，如何駕駛並控制飛行姿勢，以便安穩地抵達目的地呢？

飛機即使遭受突如其來的強風，也能立刻回復平穩的飛行姿勢，這都是水平尾翼和垂直尾翼的功勞。請參照以下圖示。例如，突然有一陣強風襲來，使機頭偏向左側。也就是說，機體是右側遭到強風吹襲（1）。氣流相對於垂直尾翼的角度會改變，使得垂直尾翼產生自右傳至左的升力（2）。機尾由於這個力而向左擺動，機頭便相反地向右擺回（3）。像這樣，由於垂直尾翼的關係，機體會自然地回復原來的姿勢。同樣的道理，上下方向的擺動則藉由水平尾翼來達到穩定的效果。

甚至，垂直尾翼和水平尾翼的作用還不只是這樣。當藉由機師的操控，想要改變飛機的飛行方向時，這些機翼也發揮了極其重要的功能。在空中飛行的飛機，會做3個方向的運動，分別是：機翼沿著縱軸橫向旋轉的「滾轉」（rolling）、機頭沿著橫軸上下旋轉的「俯仰」（pitching）、機頭沿著垂直軸左右旋轉的「偏航」（yawing）。所以飛行時機師必須控制這3個方向的舵，分別是主翼的「副翼」、水平尾翼的「升降舵」、垂直尾翼的「方向舵」，以便改變升力完成所有的姿勢控制。

## 功能絕妙的小機翼

本圖所示為操控飛機所使用的機翼機制。飛機的姿勢控制乃利用水平尾翼的「升降舵」、垂直尾翼的「方向舵」和主翼的「副翼」，這三個小機翼合稱為「動翼」。

與飛機本體大小相較，動翼雖然非常小，卻能用來控制飛機的姿勢，其中的訣竅就在於動翼與重心的距離。機體的重心位於機身中央附近。而各個動翼距離重心的位置相當遙遠，所以只要該處產生小小的力，就能利用槓桿原理，產生足以移動整個機體的巨大旋轉力。

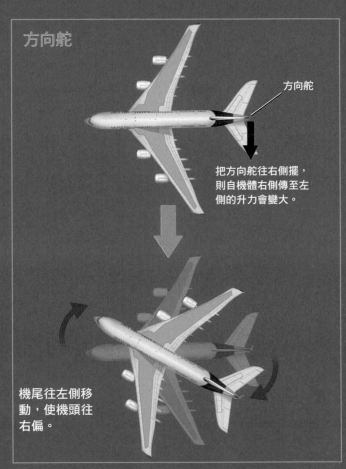

方向舵

方向舵

把方向舵往右側擺，則自機體右側傳至左側的升力會變大。

機尾往左側移動，使機頭往右偏。

機頭的偏航，由裝設於垂直尾翼後緣的「方向舵」來操控。把方向舵往右側擺，則自機體右側傳至左側的升力會變大，結果使機頭往右偏。這個動作加上副翼造成的機體傾斜，就能使飛機轉彎。

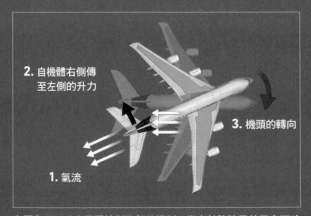

2. 自機體右側傳至左側的升力

3. 機頭的轉向

1. 氣流

本圖為利用垂直尾翼控制姿勢的機制。當由於強陣風等因素而改變機頭的方向時，會產生自然回復原姿勢的力。這個機制與永遠朝向風頭的風標（風向雞）有異曲同工之妙，所以稱為「風標穩定性」（weathercock stability）。

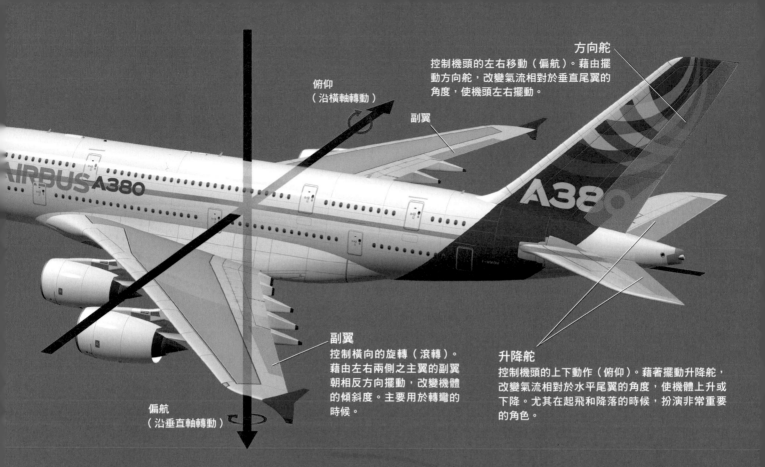

俯仰
（沿橫軸轉動）

方向舵
控制機頭的左右移動（偏航）。藉由擺動方向舵，改變氣流相對於垂直尾翼的角度，使機頭左右擺動。

副翼

偏航
（沿垂直軸轉動）

副翼
控制橫向的旋轉（滾轉）。藉由左右兩側之主翼的副翼朝相反方向擺動，改變機體的傾斜度。主要用於轉彎的時候。

升降舵
控制機頭的上下動作（俯仰）。藉著擺動升降舵，改變氣流相對於水平尾翼的角度，使機體上升或下降。尤其在起飛和降落的時候，扮演非常重要的角色。

## 升降舵

升降舵

把升降舵往上擺，則朝下的升力會增大。

機尾下沉，機頭便會上揚。

## 副翼

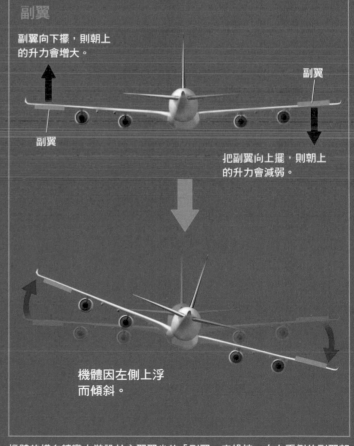

副翼向下擺，則朝上的升力會增大。

副翼

副翼

把副翼向上擺，則朝上的升力會減弱。

機體因左側上浮而傾斜。

機頭的俯仰由裝設於水平尾翼後緣的「升降舵」來操控。把升降舵往上擺，則朝下的升力會增大，使機尾往下沉，機頭往上抬。升降舵主要用於起飛和降落的時候。

機體的橫向轉彎由裝設於主翼翼尖的「副翼」來操控。左右兩側的副翼朝相反方向擺動，例如，把右主翼的副翼往上擺、左主翼的副翼往下擺。如此一來，右主翼的升力會減弱，左主翼的升力會增大。結果，機體傾斜成左上右下的姿勢。想使機體轉彎時，要把方向舵和副翼做組合運用。

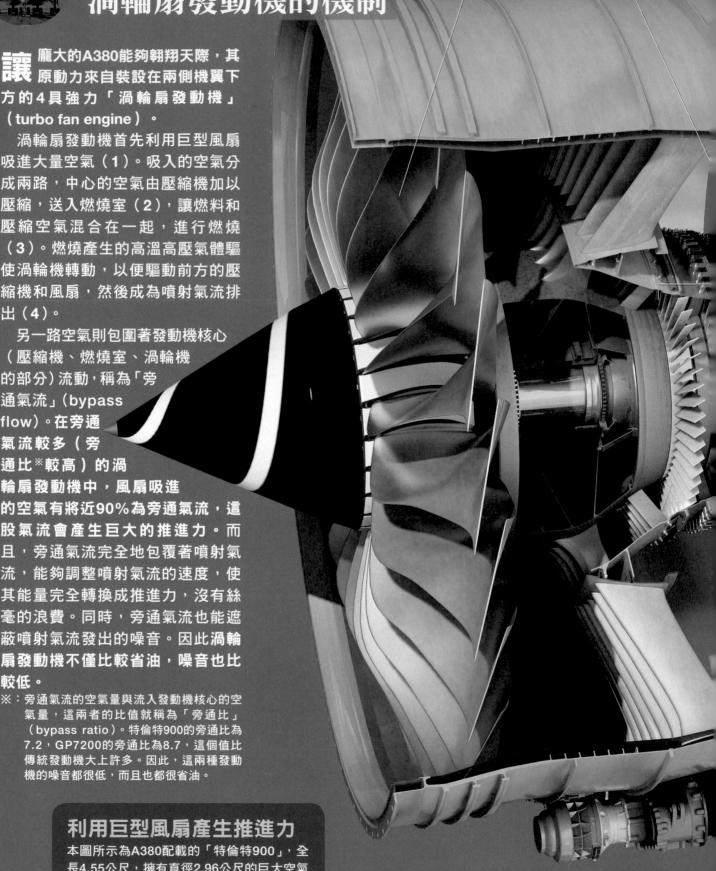

# 飛機「心臟」——渦輪扇發動機的機制

讓龐大的A380能夠翱翔天際,其原動力來自裝設在兩側機翼下方的4具強力「渦輪扇發動機」(turbo fan engine)。

渦輪扇發動機首先利用巨型風扇吸進大量空氣(1)。吸入的空氣分成兩路,中心的空氣由壓縮機加以壓縮,送入燃燒室(2),讓燃料和壓縮空氣混合在一起,進行燃燒(3)。燃燒產生的高溫高壓氣體驅使渦輪機轉動,以便驅動前方的壓縮機和風扇,然後成為噴射氣流排出(4)。

另一路空氣則包圍著發動機核心(壓縮機、燃燒室、渦輪機的部分)流動,稱為「旁通氣流」(bypass flow)。在旁通氣流較多(旁通比※較高)的渦輪扇發動機中,風扇吸進的空氣有將近90%為旁通氣流,這股氣流會產生巨大的推進力。而且,旁通氣流完全地包覆著噴射氣流,能夠調整噴射氣流的速度,使其能量完全轉換成推進力,沒有絲毫的浪費。同時,旁通氣流也能遮蔽噴射氣流發出的噪音。因此渦輪扇發動機不僅比較省油,噪音也比較低。

※:旁通氣流的空氣量與流入發動機核心的空氣量,這兩者的比值就稱為「旁通比」(bypass ratio)。特倫特900的旁通比為7.2,GP7200的旁通比為8.7,這個值比傳統發動機大上許多。因此,這兩種發動機的噪音都很低,而且也都很省油。

風扇葉片
(24片)

旁通道
經風扇吸進、壓縮的空氣有將近90%會流過此處排出。

## 利用巨型風扇產生推進力

本圖所示為A380配載的「特倫特900」,全長4.55公尺,擁有直徑2.96公尺的巨大空氣吸入口。最大推力為34.5公噸重。

**高壓壓縮機**
把中壓壓縮機壓縮後的空氣進一步壓縮，再把高溫高壓的空氣送往燃燒室。由鈦及耐熱合金製成。

**高壓渦輪機**
高壓渦輪機由1段動翼列構成，接收來自燃燒室超過2000℃的燃燒氣體而轉動，驅動前方以機軸連結的高壓壓縮機。

**中壓渦輪機**
中壓渦輪機由1段動翼列構成，接收來自燃燒室再經過高壓渦輪機的燃燒氣體而轉動，驅動前方以機軸連結的中壓壓縮機。

**低壓渦輪機**
低壓渦輪機由5段動翼列構成，接收來自燃燒室再經過中壓渦輪機的燃燒氣體而轉動，驅動前方利用機軸連結的風扇。

**燃燒室**
把燃料連續噴射到經壓縮機加壓的高壓空氣中，製造成高壓空氣和霧化燃料混合在一起的氣體。再利用火星塞打出的電氣火花點燃混合氣體，使其連續燃燒。

**中壓壓縮機**
由8段動翼列構成。把經風扇壓縮後的空氣進一步壓縮。由鈦合金製成。

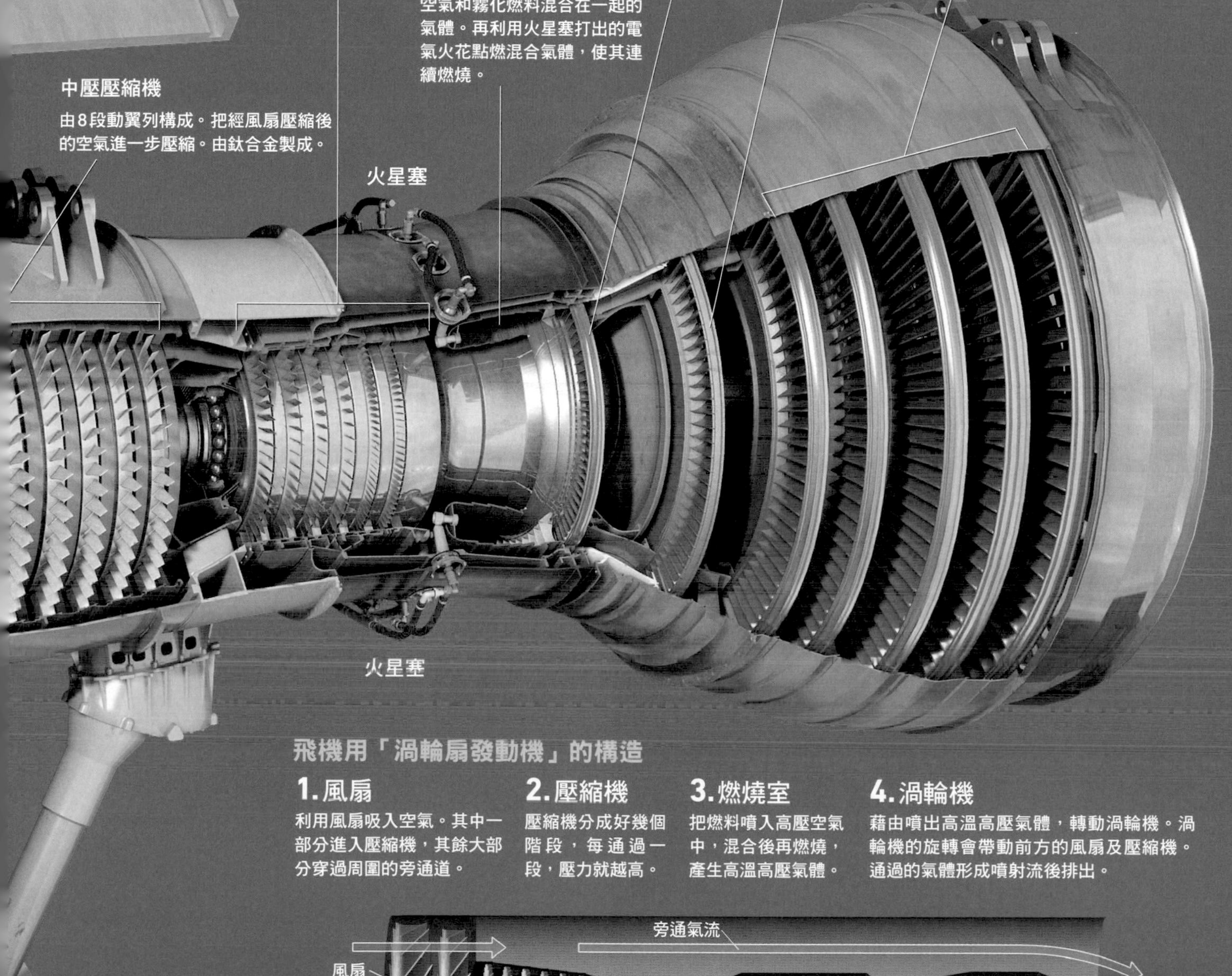

**火星塞**

**火星塞**

## 飛機用「渦輪扇發動機」的構造

**1. 風扇**
利用風扇吸入空氣。其中一部分進入壓縮機，其餘大部分穿過周圍的旁通道。

**2. 壓縮機**
壓縮機分成好幾個階段，每通過一段，壓力就越高。

**3. 燃燒室**
把燃料噴入高壓空氣中，混合後再燃燒，產生高溫高壓氣體。

**4. 渦輪機**
藉由噴出高溫高壓氣體，轉動渦輪機。渦輪機的旋轉會帶動前方的風扇及壓縮機。通過的氣體形成噴射流後排出。

**輔助變速箱**
輔助變速箱裡裝設了一些利用發動機旋轉力的裝置，包括燃料泵及油壓泵等等。

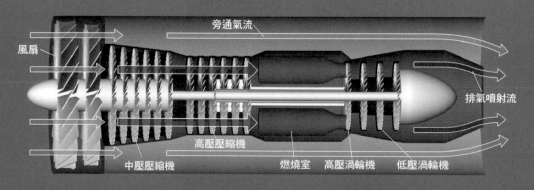

旁通氣流

風扇

排氣噴射流

中壓壓縮機　　高壓壓縮機　　燃燒室　　高壓渦輪機　　低壓渦輪機

本圖所示為一般的渦輪扇發動機機制。利用風扇吸入的空氣分成兩路。中心附近的空氣通過壓縮機、燃燒室、渦輪機之後，往後方噴出而產生推進力。風扇吸入的其餘空氣，有如把這股中心氣流包裹起來似地，流過它的周圍（旁通氣流）。90%以上的推進力，是由這股旁通氣流產生。再者，大量的旁通氣流流過高速排出的噴射氣流周圍，能夠更有效率地獲得推進力。順帶一提，特倫特900的構造和上圖所示不同。

# 液晶顯示器和側置操縱桿
# 讓長時間飛行也能舒適操控

　　機的飛行需要各式各樣的必要資訊，現在透過「玻璃駕駛艙」（glass cockpit）的設計概念，在液晶顯示器上，集中顯示如高度、速度、機體姿勢、飛行路線的氣象數據等。拜這種系統之賜，大幅減輕了機師的負擔。談到飛機的駕駛，或許有不少人的腦海中會浮現出位於駕駛座前面的Y字型「操縱盤」（control wheel）吧（下圖）！但是，現在的空中巴士已經廢棄這種操縱盤，改用側置操縱桿（side stick）了。利用這種新設計，消除了儀表板和機師之間的阻礙物，不需要抬高手臂，所以長時間飛行也不會累積疲勞。而且，可以在座位的前方安裝抽屜式餐桌或鍵盤，滿足多元的用途。

　　此外，A380也能配載抬頭顯示器（head up display）。這是在機師的視線上方設置透明的螢幕以供投影各種資訊的裝置，不過，並不是標準配備。

**系統顯示器**
顯示油壓、電力、空調、門扇的開閉等各種系統的資訊。

**側置操縱桿**
藉由操作升降舵和副翼，以便操控俯仰（上揚和下沉）和滾轉（左右傾斜）等動作的裝置。空中巴士公司廢棄了傳統的操縱盤，改用側置操縱桿的型式。

**方向舵踏板**
用來調節方向舵的踏板。踏下左邊的方向舵踏板，機頭就會向左傾斜。

**發動機總開關**
用來啟動發動機的開關。

**速度制動桿**
用來控制擾流板（詳見第38頁）的操縱桿。

**機長的座位**

## 從操縱盤到側置操縱桿
本圖顯示A380的駕駛艙。空中巴士公司廢棄了傳統的操縱盤，採用側置操縱桿。這兩個座位的後面還有兩個座位，長距離飛行時，可供輪班人員乘坐。

**頭頂儀表板**
排列著發動機啟動開關、油壓系統操作面板、燃料系統操作面板、無線電機操作面板等等。

**發動機監督顯示器**
顯示發動機的相關資訊及警報。

**導航顯示器**
顯示航行路線、風向、風速等相關資訊。

**主飛行顯示器**
顯示飛機姿勢、速度、高度等相關資訊。

**機載資訊終端機**
顯示航空路線圖及整備情形等相關資訊。

**摺疊式鍵盤**
廢棄傳統客機的操縱盤後，摺疊式鍵盤裝設在改用側置操縱桿所騰出的座位前方，可用來操作各種系統。

**多功能顯示器**
可選擇各種訊息的顯示器，如無線電機、速度、機場相關資訊的顯示。

**油門操縱桿**
用來調節發動機動力的操縱桿。

**副機師的座位**

**襟翼操縱桿**
用來調節襟翼角度的操縱桿。

**波音 787 的操縱盤**

# 每1平方公尺可耐受 6公噸力的堅固材料

外板

縱梁

A380機身最大的特點，應該是史上第一架採用雙層客艙的客機吧！若是再加上最下層的貨艙，A380就成為具三層樓構造的機體。**整個機身採用「半硬殼式結構」（semi-monocoque structure），由圓形框架和前後走向的補強材料「縱梁」（stringer）組構而成。**「monocoque」一詞來自法語，意思是「蛋殼」。顧名思義，這種結構是由蛋殼形狀的外板來承受施加於機體的荷重。半硬殼式結構的特色，在於它不僅可讓內部空間比較寬廣，利於運用，還能夠耐受施加於機體之力的強度。

飛機在大約10公里高的上空飛行，氣壓只有地面上的4分之1左右（約0.26大氣壓）。人類無法忍受如此低的氣壓，所以客艙中會加壓到約0.8大氣壓（相當於海拔約2000公尺的高度）。因此，**在高空，機內和機外之間具有壓力差，會使機身材料承受往外膨脹的力。這個力的大小，每1平方公尺達到6公噸之多。**

飛機的機身必須具備能夠承受如此巨大之力的強度，因此目前飛機主要使用高強度的鋁合金「杜拉鋁」（duralumin）來製造。但是現在，除了使用鋁合金之外，也紛紛的開始使用新式的材料了，那就是**「複合材料」**。

觀察右邊相片，可以注意到客艙二樓與一樓的地板顏色不一樣！這是因為客艙二樓地板採用了複合材料「碳纖強化塑膠」（carbon fiber reinforced plastic，CFRP）的緣故。CFRP使用環氧樹脂來黏合碳纖，其特性為強度高且質量輕。**A380整個機體有大約25%是採用CFRP等複合材料製成，因此重量比傳統設計減輕了15公噸之多。**

## 輕盈強固的CFRP

雙層客艙等處所使用的碳纖強化塑膠（CFRP）。雖然長度將近7公尺，重量卻只有15公斤左右，一名女性也能輕鬆地拿起來。

## 雙層構造的寬闊空間

這張相片為A380機身組裝作業場景。由前方觀察，可看到許多個蛋形框架連結在一起。A380整個機體有25%左右是採用碳纖強化塑膠等複合材料製成，例如雙層客艙地板和後方壓力隔板等處。

框架

# 依循三種電波所設定的路線安全降落

現在，除了起飛和降落之外，大部分的航程（巡航）都是採用「自動駕駛」（autopilot），此一系統可使用各種儀器掌握並控制機體的姿勢及速度等飛行狀態，交由電腦在預先利用程式設定的巡航路線上自動飛行。

另一方面，**在降落時則需要在「儀器降落系統」（instrument landing system，ILS）所指示的降落路線上飛行**，這是從機場附近向進入了降落準備狀態的飛機發出電波，藉此引導降落路線的系統（參照下圖）。

儀器降落系統由3種主要裝置構成。**第一種是左右定位台（localizer），把飛機與降落路線間左右方向的偏離情形通知正在操控降落作業的機師。第二種是滑降台（glide path），把飛機與降落路線間上下方向的偏離情形通知機師。第三種是信標台（marker beacon），把飛機與**

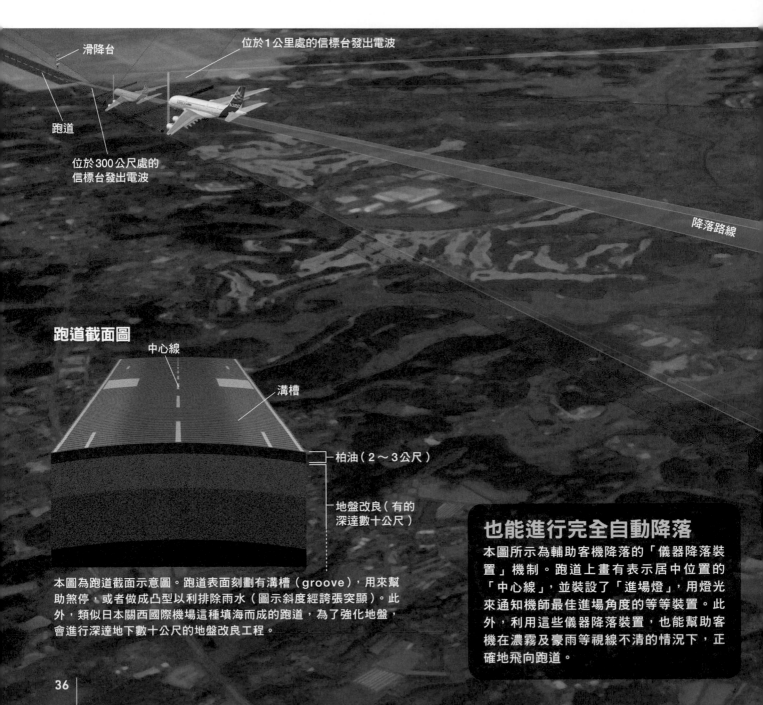

滑降台

位於1公里處的信標台發出電波

跑道

位於300公尺處的信標台發出電波

降落路線

**跑道截面圖**

中心線

溝槽

柏油（2～3公尺）

地盤改良（有的深達數十公尺）

本圖為跑道截面示意圖。跑道表面刻劃有溝槽（groove），用來幫助煞停，或者做成凸型以利排除雨水（圖示斜度經誇張突顯）。此外，類似日本關西國際機場這種填海而成的跑道，為了強化地盤，會進行深達地下數十公尺的地盤改良工程。

## 也能進行完全自動降落

本圖所示為輔助客機降落的「儀器降落裝置」機制。跑道上畫有表示居中位置的「中心線」，並裝設了「進場燈」，用燈光來通知機師最佳進場角度的等等裝置。此外，利用這些儀器降落裝置，也能幫助客機在濃霧及豪雨等視線不清的情況下，正確地飛向跑道。

**跑道的距離通知機師。**

說得更詳細一點，左右定位台設置於跑道的端點，從跑道中心線，朝稍微偏右側或稍偏左側的方向，分別發出不同頻率的電波。機師依接收到這兩種頻率的強度差異，即可判斷偏離跑道中心線的幅度多寡。同樣地，滑降台是分別朝降落路線的稍微偏上側或下側發出不同頻率的電波。機師根據接收到的電波狀況，可以得知飛機相對於降落路線之上下方向的偏離程度。

而信標台則有3個，分別設置於大約距離跑道盡頭300公尺、1公里以及7公里處，朝上空發出電波。只要飛機接收到這種電波，就可以得知距離降落地點還有多遠。

飛機藉著接收這些電波，進行所謂的「沿著電波溜滑梯下滑」，安全地降落。基本上，降落作業是由機師依據儀器降落系統的資訊而自行操作，**但若條件完備，也能夠做到完全自動降落**。A380的全寬（翼展）有

79.8公尺，而跑道的寬度基本上只有30公尺、45公尺或60公尺，由此可知，飛機需要多麼準確地降落在跑道！

此外，A380的最大降落重量達到386公噸，這麼重的A380，即使以時速約250公里的一般降落速度降落，也可能造成跑道下陷或損傷，為了避免這種情形發生，建造跑道時，必須在許多層的基礎結構上再鋪設厚達2～3公尺的柏油層才行。

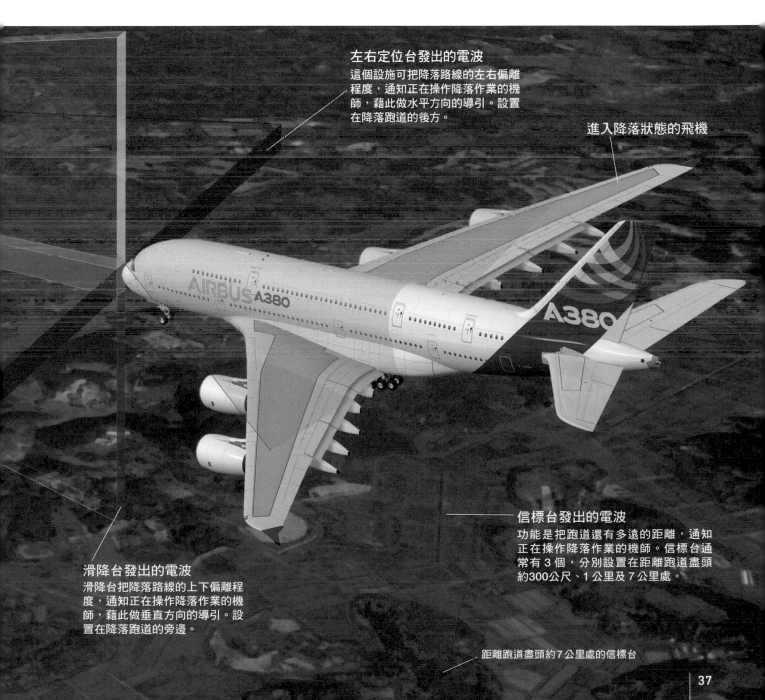

左右定位台發出的電波
這個設施可把降落路線的左右偏離程度，通知正在操作降落作業的機師，藉此做水平方向的導引。設置在降落跑道的後方。

進入降落狀態的飛機

信標台發出的電波
功能是把跑道還有多遠的距離，通知正在操作降落作業的機師。信標台通常有3個，分別設置在距離跑道盡頭約300公尺、1公里及7公里處。

滑降台發出的電波
滑降台把降落路線的上下偏離程度，通知正在操作降落作業的機師，藉此做垂直方向的導引。設置在降落跑道的旁邊。

距離跑道盡頭約7公里處的信標台

# 使龐然巨大的A380安全停住的三種煞停裝置

**依**循儀器降落系統的引導而持續下降的A380，終於來到了落地的瞬間。飛機為了確保能安全停止，開始啟動三種煞停裝置。在接觸地面時，**首先豎起主翼上方所有的「擾流板」**（右圖），藉此增加空氣阻力，降低速度。同時，減弱主翼產生的升力，使飛機的重量落在輪胎上，以便提高輪胎的煞停效能。這是第一種煞停方式。

**第二種是使用「起落架」**（landing gear），為裝設在由輪胎及緩衝裝置等構件組成的煞停。A380有22個機輪，這些裝置必須能夠承受最大降落重量386公噸的龐大機體以時速約250公里降落時產生的衝擊。接觸跑道地面時，每個機輪會承受大約20公噸的衝擊，此時輪胎的表面溫度也高達400℃。另外，當飛機在高空飛行時，輪胎的收納艙和外

面的大氣溫度相同，都是零下45℃。因此，用來製造輪胎的材料必須能夠耐受如此劇烈的溫度變化。落地後，使用機輪上的**多碟式煞停**（multiple-disk brake）降低速度。機輪和裝設在它上面的許多片碟盤緊密貼在一起，藉由摩擦力止住輪胎的轉動。

**第三種煞停由發動機來擔綱。**或許有許多人會覺得納悶，為什麼降落時發動機的聲音會突然變大呢？這是發動機「逆噴射」所產生的聲音。雖說是逆噴射，但並不是吸進發動機後方的空氣往前噴出，而是利用外罩門阻擋旁通氣流，把排氣方向改朝斜前方排出，以便幫助飛機停住。

## 減少升力的擾流板

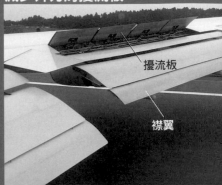

擾流板

襟翼

相片所示為波音747降落時朝上豎起的擾流板。

胎面

帶束層

胎體

## 油壓式緩衝裝置的機制

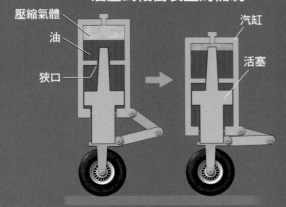

壓縮氣體
油
狹口
汽缸
活塞

圖示為用於減低降落衝擊的「油壓式緩衝裝置」構造。緩衝裝置由汽缸和活塞構成。汽缸內封入油和壓縮氣體。降落之際，油通過汽缸內的狹口（orifice）時會產生摩擦，藉此吸收衝擊。

**輻射層輪胎**
輪胎的構成，包括由上面刻有溝紋的橡膠「胎面」（tread）、用於增加強度的「帶束層」（belt），以及由聚酯纖維（polyester）和縲縈（rayon）等纖維製成，做為骨架部分的胎體（carcass）。製造胎體的纖維層與胎面溝紋的方向互相垂直的輪胎稱為「輻射層輪胎」（radial tire），其特色是用於高速之際具有優良的耐久性。
　A380使用的輪胎，帶束層部分採用稱為芳香聚醯胺（aramid fiber）的聚醯胺合成纖維。可使輪胎減少摩擦，達到輕量化的目的。

## 確保安全降落的最尖端技術

本圖所示為吸收降落瞬間衝擊的起落架機制。圖示為機身輪。A380有裝設於機體前方的鼻輪（2輪），裝設於機身的機身輪（合計6輪×2腳=12輪），以及裝設於主翼的翼輪（4輪×2側=8輪），總共22個機輪。萬一機體是以施加煞停的狀態接地，會有爆胎的危險，所以在控制碟式煞停的系統上，搭配有「接地保護功能」，如果接地時沒有偵測到輪胎是處於轉動狀態，便會解開煞停動作。

**油壓式緩衝裝置**

**逆噴射機制**

渦輪扇發動機外罩　往斜前方流動的旁通氣流

排出噴射氣流

吸入空氣

外罩門

圖示為逆噴射機制。打開外罩（cowl），並且利用外罩門擋住旁通氣流（第30頁），使旁通氣流的方向轉向斜前方，產生煞停作用。在逆噴射期間，仍然會驅使前方的風扇轉動，所以噴射氣流會朝後方排出。

**機輪**

**多碟式煞停**

多碟式煞停由固定於機輪而隨機輪一起旋轉的多片「旋轉碟」（rotor disc），和固定於腳架而不旋轉的「固定碟盤」（stator disc）交錯排列構成（看不到碟片）。煞停時利用油壓使這兩種碟盤緊密接觸，藉由碟盤的摩擦使輪胎停止轉動。此外，在機輪煞停上也搭配「防滑系統」（anti-skid system），用來偵測機輪的旋轉速度及減速率，以防止打滑或輪胎鎖死，使煞停達到最適當的效能。

# 飛航之際，已經在為下次航行做準備

飛機順利完成一趟飛行任務之後，並沒有閒暇休息，馬上就要展開下一趟飛行的準備作業。一般來說，國際線航班約間隔 2 個小時，國內線約間隔45〜60分鐘。

在這麼短促的時間內，不僅要完成機內清掃、燃料補給、機內食物的裝載等工作，而且必須進行機體的檢查維修。這項檢修工作稱為「停機線維修」（line maintenance）。進行此項作業時，除了飛機維修人員之外，機長本人也要以目視方式檢查外觀有無異常、輪胎是否磨損等等。如果發現異常，必須在起飛之前修理妥當。

近年來，為了提高飛機整備作業的效率，已經能在天空飛行時就把當下的機體狀態傳訊給地面。飛機維修人員依據這些資訊，在事前備妥更換零件等物資，迅速進行停機線維修，完成整備作業。

也有飛機進入機棚（hangar），以便詳細檢查各個部分的檢修工作，可以說是飛機的「全身健康檢查」，稱為「棚廠維修」（dock maintenance）。棚廠維修依據實施期間的不同，分成三種。第一種為「A級維修」，每隔300〜500個飛行小時，或約 1 個月一次。主要作業為發動機、襟翼、煞停等重要零組件的檢查等等。檢修時間約 8 個小時。

第二種為「C級維修」，每隔4000〜6000個飛行小時，或 1〜1.5年實施一次。主要作業為拆下飛機各個部位的裝置，詳細檢查發動機、油壓系統、電力系統等等。檢修時間約 1 個星期。

第三種為「D級維修」或「M級維修」。這是最詳細徹底的維修，每隔 4〜5 年實施一次，檢修時間約 1 個月。維修工作會把客艙整個拆下來，把機體分解到裸露出骨架，並且全部重新塗裝。完成 D 級維修的飛機煥然一新，有如剛出廠的飛機一樣地展開全新的旅程。

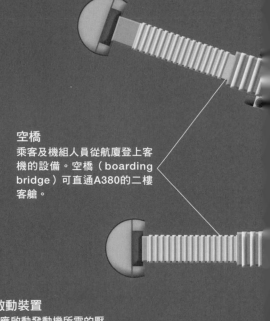

**空橋**
乘客及機組人員從航廈登上客機的設備。空橋（boarding bridge）可直通A380的二樓客艙。

**空氣啟動裝置**
此車供應啟動發動機所需的壓縮空氣。當不使用機尾的輔助動力裝置時，就會利用空氣啟動裝置（air start unit）。

**加油車**
補給燃料的車輛。飛機的燃料是透過機場地面下的配管來提供。採用將燃料加壓的方式進行加壓式加油，只需15〜30分鐘即可完成加油作業。

## 從降落到起飛只需 90 分鐘

圖中所示是A380為下次航行做準備的作業場景。從到達機場後就開始進行下次飛航的整備作業，同時讓乘客登機，到起飛為止的這段時間，稱為「周轉時間」（turn around time）。A380的機型比以往任何一架客機都還要龐大，乘客人數也更多，儘管如此，它的周轉時間卻能壓縮到只需「90分鐘」。這個時間和現有的大型客機完全相同。

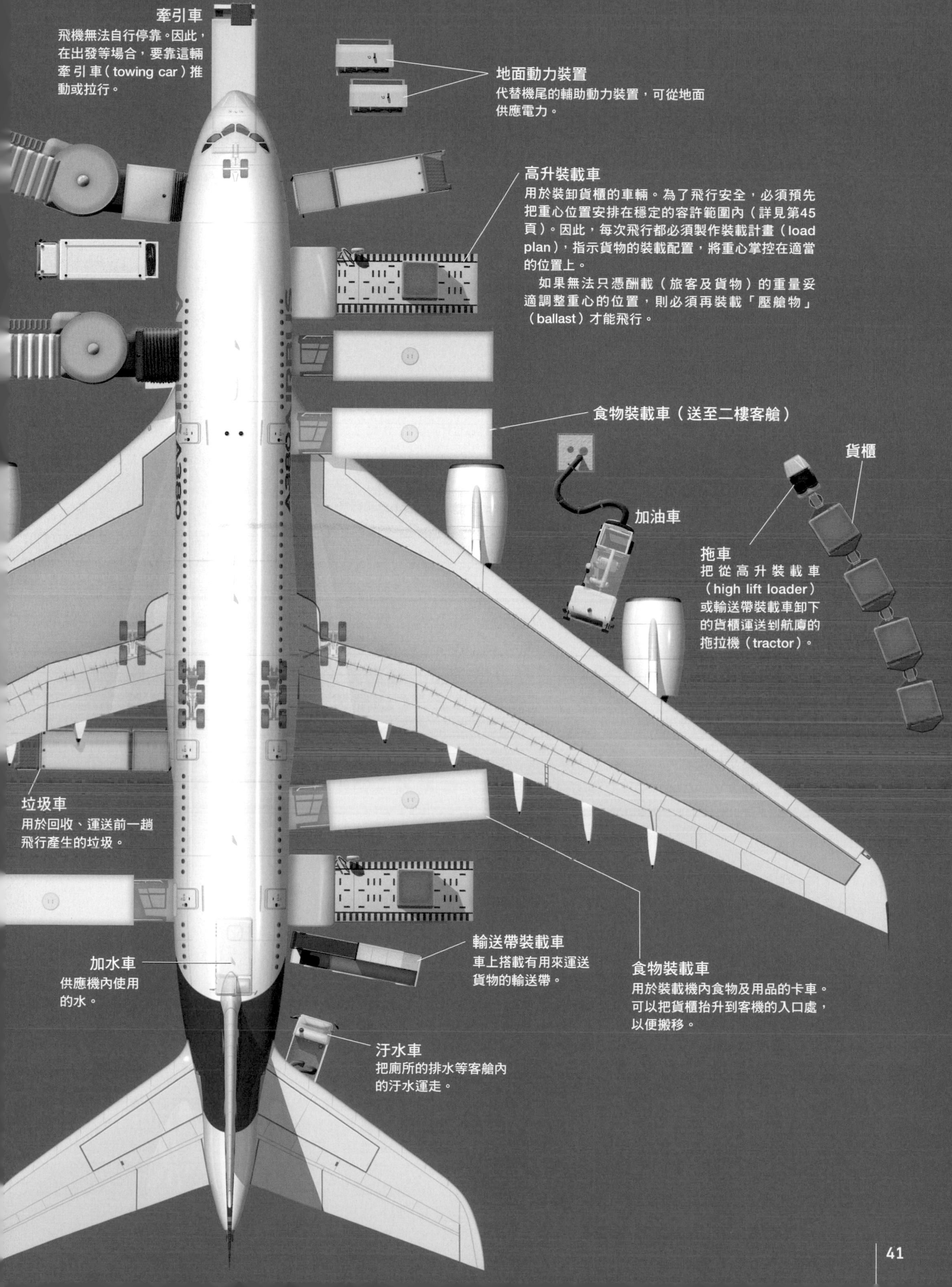

**牽引車**
飛機無法自行停靠。因此，在出發等場合，要靠這輛牽引車（towing car）推動或拉行。

**地面動力裝置**
代替機尾的輔助動力裝置，可從地面供應電力。

**高升裝載車**
用於裝卸貨櫃的車輛。為了飛行安全，必須預先把重心位置安排在穩定的容許範圍內（詳見第45頁）。因此，每次飛行都必須製作裝載計畫（load plan），指示貨物的裝載配置，將重心掌控在適當的位置上。
　　如果無法只憑酬載（旅客及貨物）的重量妥適調整重心的位置，則必須再裝載「壓艙物」（ballast）才能飛行。

**食物裝載車（送至二樓客艙）**

**貨櫃**

**加油車**

**拖車**
把從高升裝載車（high lift loader）或輸送帶裝載車卸下的貨櫃運送到航廈的拖拉機（tractor）。

**垃圾車**
用於回收、運送前一趟飛行產生的垃圾。

**加水車**
供應機內使用的水。

**汙水車**
把廁所的排水等客艙內的汙水運走。

**輸送帶裝載車**
車上搭載有用來運送貨物的輸送帶。

**食物裝載車**
用於裝載機內食物及用品的卡車。可以把貨櫃抬升到客機的入口處，以便搬移。

升力

# 飛機為什麼能飛得起來？
# 徹底解說產生升力的祕密

**前**面介紹了飛機從起飛到降落，以及整備作業的整個航行流程。那麼，究竟為什麼飛機能飛上天空呢？在這單元要詳細說明**「升力」**為什麼能使飛機浮在空中飛翔。

## 機翼上翼面的空氣流動速度比下翼面快

施加於飛機的力分成四種：**朝下方作用的「重力」、朝垂直於飛行方向作用的「升力」、使機體向前行進的「推進力」、與推進力對抗而阻礙前進的「阻力」**。保持這四種力的平衡，才能控制飛行。

觀察機翼的截面可知，前方比較圓鈍，後緣比較尖細。這種形狀稱為**「流線形」**，特點是能夠減小氣流施加的阻力。而且，機翼採取這樣的形狀，能有效地利用來自機翼前方的風，產生使機翼上浮的升力。

升力產生的原因，只要思考一下空氣（流體）的流動便可明白。由於機翼的形狀及「攻角」（後述）等因素的影響，**使得機翼上翼面的空氣流動速度比下翼面快。**空氣流動速度比較快的地方，所承受的氣壓會比空氣流動比較慢的地方來得低。這個現象稱為**「白努利定律」**（Bernoulli's Law）。於是，機翼上翼面的氣壓比下翼面低，便會產生由下往上推升的力（1、2）。

## 為了減小翼尖形成的「旋渦」帶來影響

由於機翼上翼面的空氣流動較快（壓力較低），下翼面的空氣流動較慢（壓力較高），產生了升力。但是，在機翼翼尖也會發生阻滯升力的現象，那就是「翼尖渦流」（wing tip vortex）。**即翼尖下側壓力較高的空氣企圖反捲到上側而形成的旋渦（3）。**這個旋渦不僅會使作用於機翼的升力減小，而且會產生阻礙飛機前進的力，結果造成飛機的經濟性下降。這種力稱為**「感應阻力」**（induced drag，誘導阻力）。

若要減小翼尖渦流的影響，大致上有兩個方法。**第一個方法是在翼尖加裝構件，以便防止翼尖渦流反捲。**代表性的構件有「翼尖小翼」（winglet）以及「翼尖擋板」（wing tip defence）。A380的對策是將翼尖擋板做成小小的箭形，即能夠阻擋翼尖渦流從下側捲到上側。加裝了這個構件，就能使耗油量改善大約5%之多。

第二個方法是在機翼的形狀上動腦筋。由於翼尖渦流是在機翼的尾端產生，簡單來說，**只要把機翼做得細長一點，再**

### 升力與白努利定律

**1. 機翼上下兩翼面的氣壓差會產生升力**

往壓力較低的方向產生力（升力）
氣流快（壓力低）
機翼截面
氣流慢（壓力高）

**2. 實際感受白努利定律**

牆壁
紙
吹氣
內側的壓力降低，產生力

**3. 翼尖擋板的作用**

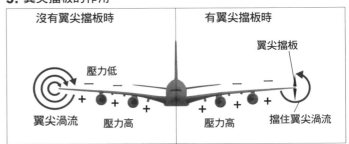

沒有翼尖擋板時　　　　有翼尖擋板時
壓力低　　　　翼尖擋板
翼尖渦流　　壓力高　　壓力高　　擋住翼尖渦流

【1】機翼上翼面的空氣流動比較快，下翼面比較慢。流速快則壓力低，因此這個壓力差形成向上的力（升力）。【2】實際感受白努利定律的實驗。把一張紙貼近壁面，往紙和壁面之間的縫隙用力吹氣。由於內側的壓力降低，因此產生了把紙壓向壁面的力。【3】由於機翼上下兩翼面之間的壓力差，致使機翼尖端產生翼尖渦流。翼尖擋板能夠擋住這個翼尖渦流，防止阻力的產生。

## 機翼攻角及襟翼與升力的關係

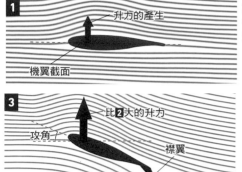

**1** 升力的產生 / 機翼截面

攻角（機翼相對於風的傾斜角度）較小時，升力不太大。

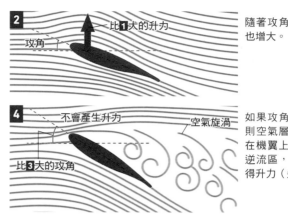

**2** 比**1**大的升力 / 攻角

隨著攻角增大，升力也增大。

**3** 比**2**大的升力 / 攻角 / 襟翼

伸出收在機翼後緣的「襟翼」，增加機翼的面積及彎曲角度，藉此增加升力。

**4** 不會產生升力 / 比**3**大的攻角 / 空氣旋渦

如果攻角增加太多，則空氣層會被剝離，在機翼上翼面處形成逆流區，從此無法獲得升力（失速）。

圖示為機翼攻角與升力的關係。把攻角加大（**2**），或伸出襟翼增加機翼面積（**3**），可使升力增大。但是，如果攻角增大到超過特定的角度，就會失去升力而「失速」（**4**）。失速的角度依機翼截面及空氣流動速度而有所不同。

---

把機翼的尾端縮小一點，就行了。因為這個道理，A380等客機都把機翼設計成細細長長，而且越往尾端越尖銳的形狀，以求減小翼尖渦流的影響。

### 引發墜機的「失速」是什麼樣的狀態呢？

欲改變升力，有諸多方法可以採行。**第一個方法是速度**，升力隨速度的2次方成正比增大；**第二個方法是機翼的大小**，升力的大小隨機翼面積成正比增大；**第三個方法是機翼的傾斜度**，表示機翼以多大角度相對於氣流傾斜的值稱為「攻角」（angle of attack）。隨著攻角逐漸增大，機翼上下兩翼面間的壓力差跟著增大，升力也隨之增大。

在這裡，不妨先回到第26頁，復習一下起飛時升力是如何變化的。首先，客機把收藏在主翼後緣的「襟翼」往斜下方伸出來。**襟翼具有增加機翼面積的功能，可以提供起飛所需的極大升力**。然後，客機加快速度，藉此使機翼產生更大

的升力。但這樣的升力還不足以抬起龐大的機體。

因此，當客機的速度達到可以拉起機頭的「抬頭速度（$V_R$）」時，**由機師把水平尾翼的升降舵往上擺**，使水平尾翼產生朝下的升力，把機尾往下壓。這麼一來，**便能使機頭往上揚，增大主翼的攻角**。攻角越大，升力也越大，於是客機便能順利起飛了。離地的上升角度為15度左右。

攻角的控制是一件非常重要的事。之所以這麼說，是因為**如果攻角超過某個特定的角度，將會突然失去升力，發生「失速」（stall）**。這是因為攻角變得太大，導致原本滑過機翼上側的氣流從翼面「剝離」所引發的狀況。

失速是可能導致墜機的極端危險現象。飛機在起飛及降落時，為了取得較大的攻角，容易發生失速事故，再加上高度很低，一旦失速，往往來不及採取應變措施，因而造成墜機後果。起飛後3分鐘和降落前8分鐘，這兩段時間飛機失事的情況特別多，所以稱為「魔

鬼的11分鐘」。

### 大型飛機的設計必須顧及輕量化

最後來探討升力和機體重量的關係！如果把飛機單純地放大，很神奇的是，這架飛機會飛不起來。例如，把飛機的尺寸加倍放大，則體積會增加為2×2×2＝8倍，所以機體重量也會增加為8倍。另一方面，機翼的面積卻只有增大為2×2＝4倍。前文述及，升力隨機翼面積成正比增大，所以升力也只有增大為4倍。亦即，只**單純地將機身大型化，並無法產生足以把機體抬起來的升力。這稱為「平方立方定律」**（square-cube law）。

因此，像A380如此龐大的客機要飛上天空，除了增加機翼面積之外，也必須減輕重量才行。第34頁曾介紹，A380採用了複合材料以達到輕量化的目的，就是出自這個道理。

# 淺顯易懂地解說飛機相關的常見疑問！

## Q. 飛機會遭到落雷打中嗎？

**A.** **飛機遭落雷打中並不是什麼稀奇罕見的事情。**根據航空界的說法，不是稱為「遭到落雷打中」，而是「遭到雷擊」。對在10公里高空的飛機而言，雷雨雲（thundercloud）的分布未必是在航機上方，也可能是在其側面或下方，所以雷不必定是「落雷」。

飛機機頭安裝有「氣象雷達」（1）。**在飛行途中會使用這具氣象雷達，不斷由電波的反射來判別行進方向上雷雨雲的分布狀況。**如果偵測到航線上有雷雨雲存在，可以預先改變方向，避開雷雨雲繼續飛行。但若是在起飛或降落穿過雲層之際，或是在雷雨雲附近飛行時，就有可能遭到雷擊。

飛機遭到雷擊的話，有沒有問題呢？從結果來看，幾乎沒有什麼影響。雷所帶的電流會通過機身表層往外放掉，機內乘員並不會觸電。

此外，**飛機上還配備有「放電索」**（static discharger）的裝置（2）。在飛行途中，機體不斷地和空氣及雲摩擦，也持續累積靜電。為了避免這些靜電對飛機的電路造成不良影響，於是便會利用放電索將靜電放掉。**這種裝置也具有放掉雷電的功能，使機內設備不致遭受嚴重的毀壞。**但是，有時候通訊機器或外裝會有所損傷，降落後必須進行維修。

## Q. 為什麼航機內不能使用行動電話？

**A.** 飛機上配置有許多電子設備，可將發動機和機翼的運作資訊持續傳送到駕駛艙，以便進行各項操作。另外，航機為了與管制塔台互相確認飛行的位置及方向，也必須利用電波收發資訊。而行動電話和基地台間，也是藉由收發電波進行通話和傳送訊息。

基本上，飛機和行動電話使用的電波波段（頻帶）並不相同。但是，**有時候電子設備會因為接收到外部傳來的電波，導致訊號產生錯亂，這個現象稱為「電波干擾」。**裝設電源的行動電話，即使移到通訊範圍之外，也會持續發出電波，以便把所在位置通知基地台。這個電波有可能發生電波干擾，使得航機的電子設備傳送了錯誤資訊。為了避免這類儀器錯誤動作造成事故，因此規定航機內禁止使用行動電話。

日本從2004年1月開始實施「修訂航空法」，以法律明文規定航機內禁止使用行動電話。2007年，有名男子遭機長要求不准使用行動電話，但這人卻拒不遵從，因而遭到逮捕。

但是，隨著科技進步，美國及歐洲的航空當局確認了電波對新型飛機的安全性不再具有威脅性，因此加以解禁。**從2014年9月1日起放寬規定，在空中巴士公司的A320和A380以及波音公司的B777和B787等機型，可在航機內的部分區域正常使用智慧型手機及筆記型**

**1.** 事先掌握雷雨雲，避免遭到雷擊

天線會接收從雲層反射而來的電波

**2.** 用於減輕雷擊損害的「放電索」

放電索

easyJet

【1】機體前端裝設有「氣象雷達」，用來掌握前方的氣象狀態。目前正進行改良，以求開發出能偵測出肉眼看不到的「晴空亂流」（clear-air turbulence）的裝置（第75頁）。【2】「放電索」安裝於主翼，用來把雷電放掉。大型飛機上可能安裝50支之多。

電腦等電子機器。日本航空公司（JAL）和全日空公司（ANA）甚至提供免費的Wi-Fi服務。但是，這並不意味著在高空也能夠使用行動電話進行通話，而是指連接機內搭載的無線LAN系統，享受航機上的網路服務等等。

**即使小鳥也不容輕忽**
由於遭到鳥擊而損壞的機鼻部位。因鳥擊所造成的經濟損失，光是日本，一年就高達數億日圓。

## Q. 鳥擊的應對措施是什麼呢？

A. 所謂鳥擊（bird strike），是指在起飛及降落時處於高度比較低的空域，鳥類撞擊飛機駕駛艙或發動機的現象。光是在日本，一年就發生1000件以上。鳥本身雖然體積不大，但牠是以時速300公里以上的高速在飛行，一旦撞上航機，會對機體造成非常嚴重的衝擊（右圖）。萬一發動機或皮托管（參照第21頁）因鳥擊而故障，有可能必須返回原本的機場。在最壞的狀況下，甚至會導致發動機出力降低而墜落。

為了防止鳥擊，機場的巡場人員及管制塔台的管制員必須經常觀測天空，如果發現鳥的蹤跡，會利用空包彈或鞭炮的聲音加以威嚇，使鳥不敢飛近。但是，機場的範圍如此廣闊，若再加上夜間視線不良等因素，不可能把鳥完全驅離淨空。所以到目前為止，還沒有找到徹底解決的辦法。

為了減少因防止鳥擊造成的勞力負擔，日本羽田機場引進了「鳥位置偵測解決方案」的系統。這套系統由雷達、攝影機、資料處理機、巨響設備等裝置所構成。第一步先使用雷達裝置和攝影機確認鳥的位置和模樣，接著使用資料處理機掌握鳥的種類、飛行路線、行為樣式等等，然後使用巨響設備發出鳥嫌惡的聲音，把鳥趕走。利用這套系統可望提高防除作業的效率。此外，加拿大的愛德蒙頓（Edmonton）國際機場則正在嘗試派出無人機驅趕鳥群。

## Q. 機上如果有空座位，能不能自由換位呢？

A. 如果是為了上廁所等原因在機內走動，當然沒有關係，但即使有空的座位，基本上也是不能自由地更換座位。因為，**如果人員的移動造成飛機整體的「重心」偏移，可能會妨礙飛機航行。**

客機為了能夠安全地航行，必須設法取得前後左右的重量平衡，使飛機的重心保持在特定的位置範圍內。**這個重心位置的容許範圍，以全長超過70公尺的大型飛機來說，只是一個直徑2公尺左右的圓形區域而已。**由此可知，在飛行時，重心位置是何等重要！

實際上，過去就曾經發生過因為重心位置偏移而導致墜落的事故。2013年4月29日，美國的國家航空公司（National Airlines）一架102號班機，從阿富汗的巴格拉姆空軍基地（Bagram Airfield）起飛不久即墜毀。原因是艙內貨物沒有固定妥當而往後移動，使得重心向後大幅偏移，導致機頭往上翹起，急遽失速而墜毀[1]。

現在的飛機增加了安全機制，在機輪上裝設感測器，用於偵測重心位置是否偏向前方或後方，如果在起飛前發現重心位置異常，駕駛艙的警報裝置會發出鳴聲，班機就不能起飛。所以，如果乘客非常想要換座位，請先向空服人員詢問後再更換[2]。

在第46頁，將透過紙飛機的實驗，進而了解飛機重心的重要性。請讀者們務必親自動手體驗看看！

※1：汽車行車紀錄器所攝得的事發瞬間。（https://www.youtube.com/watch?v=M01RmcKsm2k）
※2：以大型客機而言，只要不是許多人移動位置，就不會有問題，但有些觀光用小型飛機會在起飛前要求申報體重，並指定座位。

# 動手試作一架紙滑翔機！

只要準備一張紙、一把剪刀和一根迴紋針，就能做出一架簡單又能飛的滑翔機。製作出來後，必定能讓您切身體驗到，對於飛機來說，重心的位置以及令飛行穩定的機翼作用是多麼重要。

## 紙型

這是以「翅葫蘆」（Alsomitra）這種植物的種子為模型而製作的滑翔機。翅葫蘆是生長於東南亞等地的葫蘆科植物，種子的形狀就像這個紙型一樣，具有很薄的膜狀翅膀，可以乘著風飄到很遠的地方。種子的重量僅約0.3公克，翅膀的寬度可以達到13公分。

註：滑翔機的設計乃參考《造物手冊4》（假說社，1996年出版）的「紙滑翔機」（第8頁）。

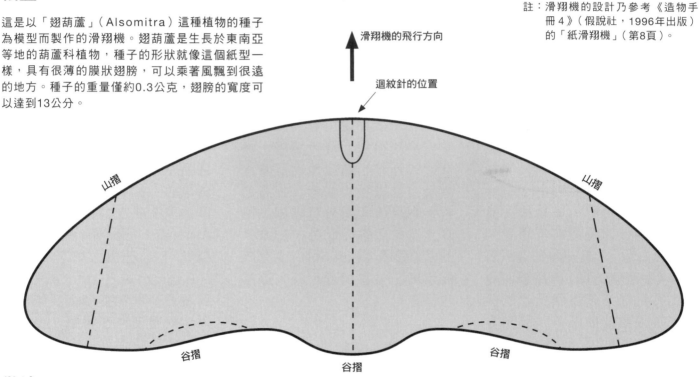

滑翔機的飛行方向

迴紋針的位置

山摺

山摺

谷摺

谷摺

谷摺

## 做法

### 1. 影印紙型，剪下來
影印這一頁，把上方的紙型剪下來。一般的影印紙也可以，但有點厚度和硬度的紙張比較容易製作，飛翔效果也比較好。因此，也可以把影印的紙型描在圖畫紙上，剪出同樣的形狀。

### 2. 沿著虛線彎摺
把剪下來的紙滑翔機依照紙型彎摺。摺痕的角度全部落在120度～140度左右即可（參照下圖）。機翼後緣彎曲虛線之處要做谷摺往上翹起。

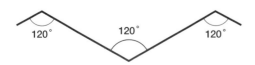

### 3. 夾上迴紋針，大功告成！
在前頭處夾上一根迴紋針，迴紋針需凸出一半。這樣就大功告成了！依照迴紋針的不同夾法，可使滑翔機的重心位置前後挪移。實際試飛後再調整迴紋針的夾法（調整方法參照右頁）。

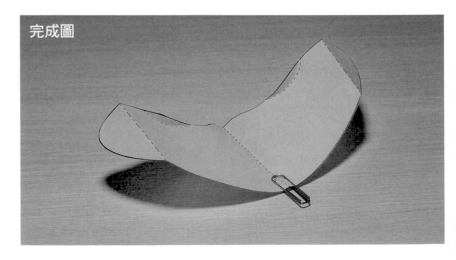

完成圖

## 令滑翔機穩定飛行的機制

### 取得前後平衡
藉著機翼後緣翹起，來抑制機頭上下沉浮的動作（俯仰），保持前後平衡。和飛機「水平尾翼」的作用相同。

### 防止左右傾斜
機翼（主翼）往兩端上揚，藉此抑制整個滑翔機體左右傾斜的動作（滾轉）。防止機體盤旋，提高往前直進的性能。

### 防止左右偏航
機翼兩端往下摺，抑制機頭左右轉彎的動作（偏航），提高直線前進的性能。具有和飛機「垂直尾翼」相同的作用。

### 提高上下方向的穩定性
夾上迴紋針（亦即壓重物），使重心的位置往前移（機頭加重），藉此防止機頭往上翹而失速，以提高上下方向的穩定性。

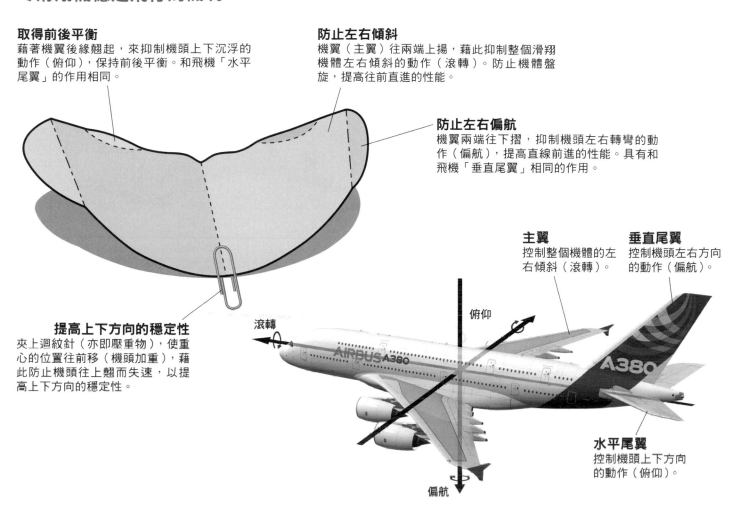

**主翼** 控制整個機體的左右傾斜（滾轉）。

**垂直尾翼** 控制機頭左右方向的動作（偏航）。

滾轉

俯仰

偏航

**水平尾翼** 控制機頭上下方向的動作（俯仰）。

## 滑翔機飛行的訣竅

### 手執滑翔機的尾巴，水平送出！
用手指抓著滑翔機的機尾（未夾迴紋針的一側），朝水平方向輕輕地推送出去。如果能平順地在空中滑翔，就是成功了（**A**）。這表示迴紋針的夾法，亦即重心的位置，恰到好處。

如果滑翔機有立即往下掉（墜落）的趨勢（**B**），表示迴紋針太重，或往前凸出太多，使得重心落在最適當位置之前。換一支比較輕的迴紋針，或是把迴紋針夾深一點，使重心位置往後移。

相反地，如果迴紋針太輕，或夾得太深，使得重心落在最適當位置之後，則滑翔機會反覆地急速上升和失速（**C**）。此時便可以換一支比較重的迴紋針，或是把迴紋針夾淺一點，使重心的位置往前移。

此外，如果飛行方向朝左或右轉彎，則可能是摺法沒有取得左右平衡所致。調整一下機翼後緣和兩端的摺法試試看！只要參考上述促使飛行穩定的機制，應該就能夠找出無法筆直飛行的原因，把問題解決！

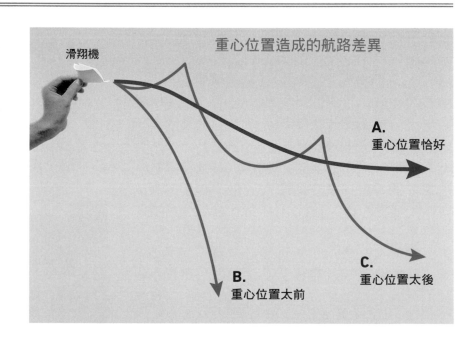

重心位置造成的航路差異

滑翔機

**A.** 重心位置恰好

**B.** 重心位置太前

**C.** 重心位置太後

A350-900
的日本首航

# 成本與二氧化碳排放量都削減了25％的最新銳客機「A350 XWB」

空中巴士公司製造的新型客機「A350 XWB」系列，於2019年在日本國內開始營運。分成兩種機型，一種是「A350-900」，另一種是比「A350-900」更能長途飛航的「A350-1000」。前者已經由日本航空公司（JAL）投入羽田-福田、羽田-札幌的航線營運，2020年2月1日起投入羽田-沖繩的航線營運。JAL訂購了18架「A350-900」、13架「A350-1000」，未來也將陸續替換日本國內航線所使用的機種（預估2023年起開始投入JAL的國際航線）。

「A350 XWB」從2014年開始營運，在全世界已經有312架投入190條以上的航線營運，訂購架數達到913架。「A350 XWB」是從短途到超長途的各種航線都適合的客機，「A350-900」的最大飛航距離為1萬5000公里，「A350-1000」為1萬6000公里。

「A350 XWB」採用了各種最尖端的技術。「A380」的機體有大約25％使用稱為「碳纖強化塑膠」（CFRP）的最尖端材料，兼具強度與輕度。而「A350 XWB」的機體則高達53％使用這種材料。此外，「A350 XWB」也採用了模仿鳥翼機制的技術，這是大型客機史上第一次採用這項技術。鳥會依據身體承受的風及氣壓的狀態，調節翅膀的形狀及傾斜角度，藉此把空氣阻力減到最低。「A350 XWB」利用機體上搭載的感測器偵測風，依據風的強度，把裝設於主翼後緣的「襟翼」（增大主翼面積以求獲得更多升力的裝置）做最適當的操作，以便減小空氣阻力。

像這樣，使用最尖端的材料以減輕機體的重量，並採用抑制空氣阻力到最小程度的新技術，令「A350 XWB」能夠比前世代客機消耗更少的燃料卻能飛行更遠的距離。結果，燃料消耗量、二氧化碳排放量、航運成本（整備費和燃料費等）都比前世代客機削減了25％。

（第48～49頁撰文：尾崎太一）

「A350-1000」機身長度比標準型「A350-900」多7公尺，客座數量多50個左右，續航距離也多出1100公里，可飛行更長距離的航線。日本航空（JAL）已經訂購了13架「350-1000」，尚未十分確定開始投入航運的時程。

※：文中記載的「A350 XWB」訂購數、受訂數、航運數、首航預定皆為2019年10月31日時的資訊。

A350-900 　　　　　　　　　　　　　　A350-1000

這是機體漆上日本航空公司（JAL）標誌的「A350-900」和漆上空中巴士公司標誌的「A350-1000」，都已經開始投入航運。兩種機型的翼展相同，但「A350-1000」機身長度比「A350-900」多出約7公尺，適合飛行更長途的航線。兩種機型都有53％的機體選用「碳纖強化塑膠」（CFRP）這種最尖端的輕量材料，並且採用了可因應風力強度而驅動「襟翼」（詳見第26頁），以便減少空氣阻力的多項新技術，藉此得以較之前世代機種大幅改善耗油量，降低成本。

### A350-900規格一覽表

| | （　）內為A350-1000 | | | （　）內為A350-1000 |
|---|---|---|---|---|
| 長度 | 66.80m（73.79m） | | 最大座位數 | 440席（440席） |
| 機艙長度 | 51.04m（58.03m） | | 3級制標準客艙※1 的座位數 | 300～350席（350～410席） |
| 機身寬度 | 5.96m（5.96m） | | 底層貨艙可容納的 LD3※2型貨櫃數 | 36個（44個） |
| 最大機艙寬度 | 5.61m（5.61m） | | 底層貨艙可容納 的棧板數 | 11個（14個） |
| 翼展 | 64.75m（64.75m） | | 水量 （底層貨艙的容積） | 223 m³（264 m³） |
| 高度 | 17.05m（17.08m） | | | |
| 軌距 （主腳架之間的距離） | 10.60m（10.73m） | | | |
| 最遠軸距 （前輪軸與後輪軸之間的距離） | 28.66m（32.48m） | | | |

※1：由經濟艙、商務艙、頭等艙共3個等級構成的標準型客艙。
※2：LD3是貨櫃的一種型號，其規格為體積=4.50m³，底寬/總寬×高度×深度=156cm/201cm×153cm×163cm。

這是空中巴士公司製造的最新型客機「A350-900」。在漆上日本航空公司（JAL）的標誌之後，已經從2019年11月開始投入羽田-福田、羽田-札幌間的日本國內航線。

# 軍用機與新世代飛機

在第2章，將詳細介紹最新銳的戰鬥機，以及只要2個小時就能飛越太平洋的「極超音速客機」、利用日光能量的「太陽能飛機」、備受期待可活用於各個領域的無人機等新世代飛機。針對這些未來社會不可或缺的飛機，且讓我們來一探其中奧祕！

監修　淺井圭介

協助　渡邊 聰／野波健藏／伊朗・克魯／大林 茂／倉谷尚志／佐藤哲也／日本宇宙航空研究開發機構
（JAXA）／日本大疆股份有限公司／Sekido 股份有限公司

# 突破「音障」會產生震波

**在**飛機的發展史上，提升速度一直是重大的課題。而在提升飛機速度之際，有一道障壁須跨越，那就是「音障」（sound barrier）。和聲音傳播速度相同的速度就稱為「1馬赫」（Mach），在地面為時速1224公里（隨氣溫而變）。飛機的速度如果超過1馬赫，就稱之為「突破」音障。

如果物體以超過音速的速度（超音速）在空氣中飛行，會產生「震波」（shock wave），是指在空氣中傳送而引發壓力急遽上升的一種壓力波。飛機會因此驟然承受一種稱為「興波阻力」（wave making resistance）的空氣阻力，所以單純提升發動機的推力會很難突破音障。

如第42頁內文所述，機翼上翼面的空氣流動比較快，因此，即使機體速度沒有超過音速，在機翼上翼面等空氣流動較快之處，也可能會產生超音速的狀態。像這樣，飛機周圍的空氣流動並不均勻，所以當機體本身速度大約在0.7～1.3馬赫之間（transonic speed，穿音速）的時候，周圍的氣流會是超過音速與未超過音速兩部分氣流混雜在一起。由於這個原因，當飛機處於穿音速的速度區間時，會發生機體搖晃或操舵困難的現象，導致穩定性降低（參見圖）。

1947年，NACA（美國航空諮詢委員會，NASA的前身）的火箭飛機「X-1」第一次突破音障。後來，由於強力噴射發動機的開發，以及機翼[※1]與機身[※2]形狀的改變，出現了越來越多能夠安全從事超音速飛行的機體。從1976年開始，以2.0馬赫飛行的超音速客機「協和號」（Concorde）投入了定期航線的營運。但是，由於起降時的噴射噪音、震波造成的噪音、耗油量不佳等問題，只得於2003年全面停飛。

震波的大小會隨著機體形狀與大小有所不同。因此，現在NASA及JAXA（日本宇宙航空研究開發機構），正致力研發出儘可能不產生震波的超音速客機（詳見第72頁）。

※1：左右兩側機翼從翼根往翼尖的方向逐漸後夾（使其具有後掠角），可延遲震波的產生，達到高速化。如A380後掠角的細長機翼稱為「後掠翼」（sweptback wing），而協和號的三角形機翼稱為「三角翼」（delta wing）。

※2：如果把飛機從頭到尾做環剖，則截面積緩和變化的機體部分，承受的空氣阻力比較小，這稱為「面積律」（area rule）。機身中段由於裝有主翼，使得截面積急遽增加，因此，許多飛機的設計是縮小這個部分的截面積，以求減小空氣阻力。

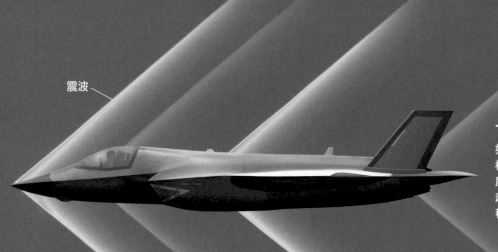

震波

## 1.3馬赫

如果超過1馬赫，則機翼前緣和機頭前端都會產生震波。一旦速度超過1.3馬赫，則整個機體帶起的氣流全都會超過音速而趨於穩定，因此能夠穩定飛行。

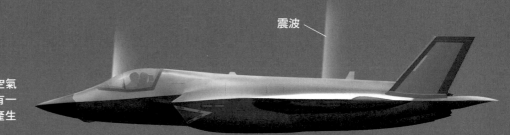

### 0.75馬赫

主翼上翼面等處,空氣流動較快的地方,有一部分會超過音速,產生震波。

震波

### 0.8馬赫

主翼下翼面的氣流速度會達到1馬赫,機體上下都產生震波。機體各處氣流混亂,對機體的穩定性有不良影響。

震波

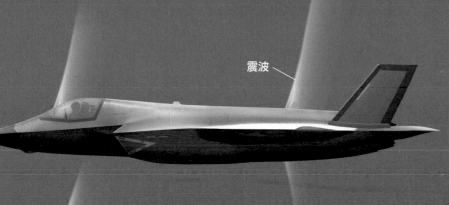

### 0.95馬赫

震波增加強度,往機體後方移動。機體表面的氣流速度幾乎都超過音速。震波在主翼後緣合為一體,尤以副翼(位於主翼後緣)的性能會下降。

此外,震波後方氣流紊亂,導致方向舵及升降舵等尾翼的操縱性也不佳。

震波

註:圖中僅顯示飛航路線垂直剖面部分的震波。實際上,震波擴散是呈圓錐狀的。

## 何謂震波?

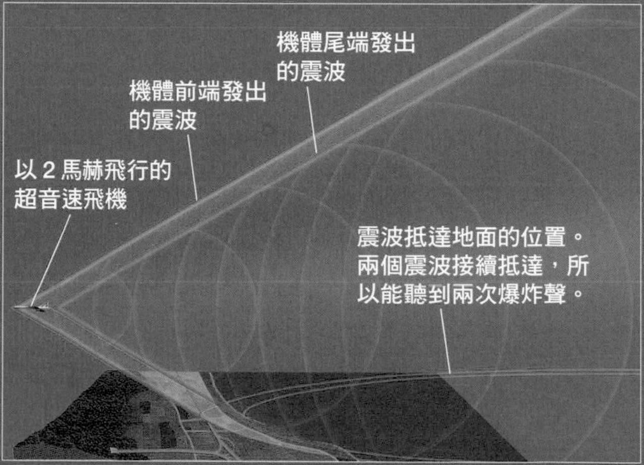

機體尾端發出的震波

機體前端發出的震波

以2馬赫飛行的超音速飛機

震波抵達地面的位置。兩個震波接續抵達,所以能聽到兩次爆炸聲。

### 超越「音障」困難

圖示為0.75~1.3馬赫之間產生的震波。必須注意的是,震波的形狀會依機體的形狀而不同。在0.7馬赫左右,氣流加快的主翼上翼面等處有一部分會超過1馬赫,因此產生震波。這個震波會產生阻力,因此在提升速度之際,要儘可能延遲這個震波的產生,所以許多飛機把機翼的平面形狀做成「後掠翼」。後掠翼往後縮夾,升力會變小,但能抑制興波阻力的產生,適合穿音速的飛行。

圖示為以超音速飛行的飛機,和該機每秒發出音波的傳播情景(圓形波)。飛機會追上本身發出的音波。這個時候,震波呈圓錐狀擴散開來。

# 匿蹤與機動性能兼具的最新銳戰鬥機「F-35B」

軍用飛機展現出來的姿態與民航客機迥然不同。此處將以美國洛克希德·馬丁公司（Lockheed Martin）開發，於2015年開始服役的最新銳戰鬥機「F-35B」為核心，深入探討戰鬥機的特徵。

首先，最明顯的差異就是主翼和尾翼。主翼前緣從翼根往翼尖逐漸向後掠縮（具有後掠角），相反地，主翼的後緣則從翼根往翼尖逐漸向前掠縮（具有前掠角）。從上方俯視這種機翼時，左翼和右翼整體形狀成為菱形，稱為「切稍三角翼」（clipped delta wing）。機身後設有形狀與主翼相似的水平尾翼。垂直尾翼則是在機體的左右兩側各設置一片，稱為「雙垂直尾翼」。

具有後掠角和前掠角的主翼，其特色是即使速度提高，也能延遲震波產生（參照第52頁）。此外，主翼和水平尾翼設計成具有相同大小的後掠角和前掠角，這是因為角度一致可獲得較高的「匿蹤性※」。

戰鬥機經常採取急轉彎及翻跟斗之類的大攻角飛行，如果垂直尾翼設置在機身的中心線上，會陷入從主翼和機身剝離的空氣亂流之中，導致舵的效能降低。但若採用雙垂直尾翼，這種空氣亂流會從兩片垂直尾翼之間穿掠過去，因而能夠安全地掌舵。

※：匿蹤性（stealth）也稱為「低可偵測性技術」（low observable technology），是指不容易被雷達等感測類機器偵測到的性質。雷達從天線發出電波，再接收經目標物反射回來的電波，藉此發現對方所在。而把戰機主翼和水平尾翼的前掠角及後掠角做成一致，雷達電波不會往各個方向擴散，只會往特定方向反射。因此，反射電波不會朝原本雷達天線的方向返回，而降低被對方發現的可能性。垂直尾翼的傾斜度和機身下部的傾斜角度一致，也是基於相同的理由。

**後緣襟副翼**
「襟副翼」（flaperon）這個名詞是高升力裝置「襟翼」及控制機體橫向旋轉運動（滾轉）的「副翼」合併而成的。功能在於可兼做襟翼和副翼使用。

**輔助空氣進氣口**
垂直起降時，這個位於發動機安裝部上面的進氣口會打開。把從這裡吸入的空氣朝下方排出，便能垂直起飛。

**舉升風扇**
詳見第57頁。

**駕駛艙**
配載寬50.8公分、高22.9公分的大畫面觸控式面板。沒有配備抬頭顯示器，而是改在駕駛員的頭盔上附設顯示系統。

**無附面層隔道超音速進氣口（DSI）**
傳統戰鬥機會在進氣口安裝能提升發動機效率的「隔道」（diverter）。但這個隔道也具有降低匿蹤性能的不良影響。DSI則不設置隔道，改在進氣口上設計特殊形狀，不僅依舊能提升發動機效率，而且也能提高匿蹤性。

F-35系列包括3種機型：一般起降型的「F-35A」、短場起飛兼垂直降落型的「F-35B」、艦載機型的「F-35C」，圖示為最新銳戰鬥機「F-35B」的構造。3種機型的外形大同小異。自雷達反射截面積（用於表示偵測之物在雷達幕上呈現的尺寸大小）推定該物在0.01平方公尺以下（即10公分見方），匿蹤性很高。

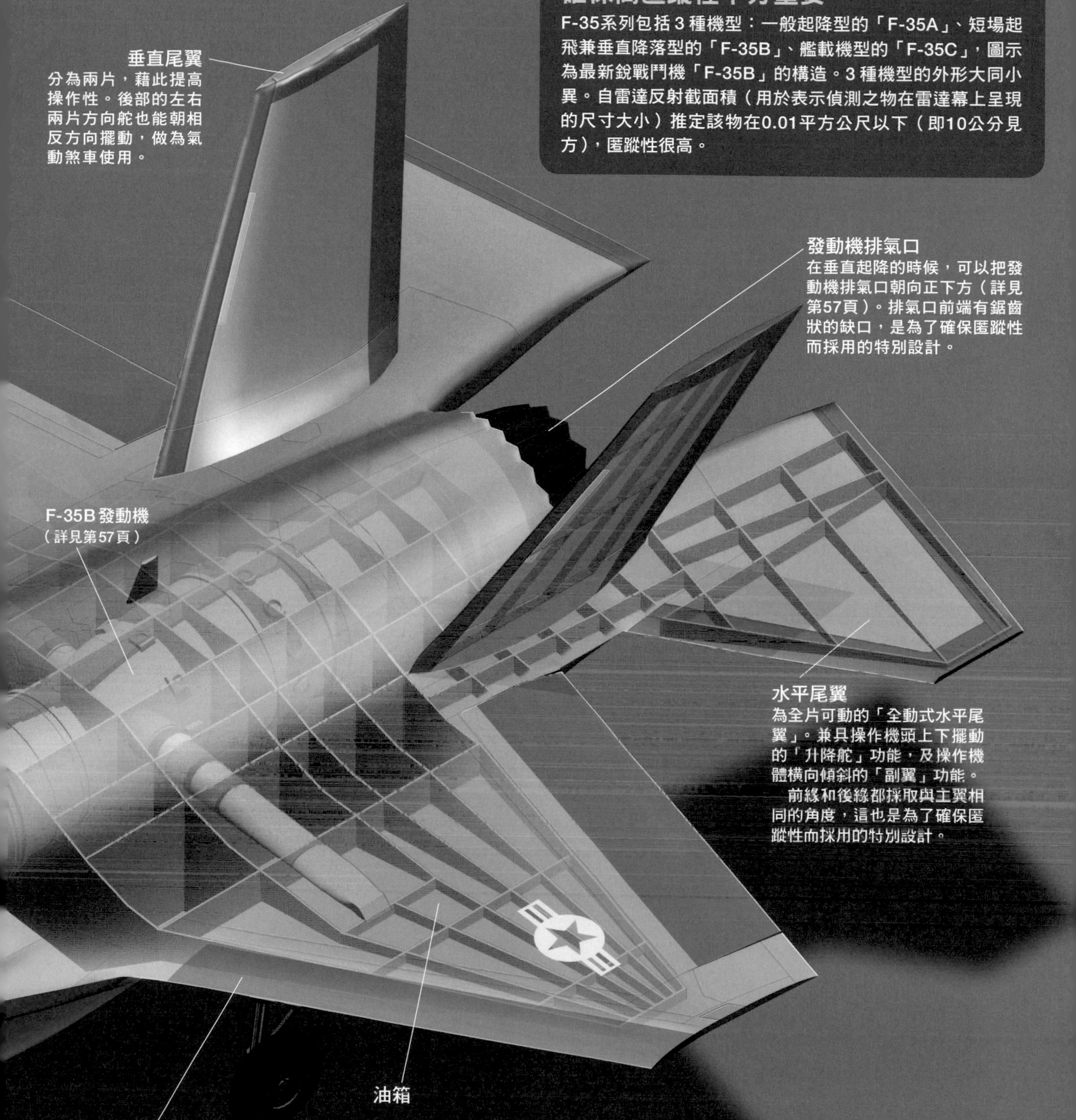

**垂直尾翼**
分為兩片，藉此提高操作性。後部的左右兩片方向舵也能朝相反方向擺動，做為氣動煞車使用。

**發動機排氣口**
在垂直起降的時候，可以把發動機排氣口朝向正下方（詳見第57頁）。排氣口前端有鋸齒狀的缺口，是為了確保匿蹤性而採用的特別設計。

**F-35B發動機**
（詳見第57頁）

**水平尾翼**
為全片可動的「全動式水平尾翼」。兼具操作機頭上下擺動的「升降舵」功能，及操作機體橫向傾斜的「副翼」功能。
前緣和後緣都採取與主翼相同的角度，這也是為了確保匿蹤性而採用的特別設計。

**油箱**

**前緣襟翼**
具有幾乎與主翼一樣寬的大片襟翼，可在低速飛行時提供更大的升力，藉此縮短起飛降落的距離，並提高機動性。

### F-35B的基本資料

| | | | |
|---|---|---|---|
| 翼展 | 10.67m | 最大起飛重量 | 31.7公噸 |
| 長度 | 15.61m | 最大燃料容量 | 6.1公噸 |
| 高度※ | 4.36m | 最快速度 | 1.6馬赫 |
| 水平尾翼寬度 | 6.64m | | （時速1960公里） |
| 主機翼面積 | 42.74m² | 續航距離 | 約1666.8公里 |

※：從地面至垂直尾翼尖端。

# 使飛機能垂直起降及滯空懸停的特殊發動機

戰鬥機和民航客機的另一個明顯差異，就是「發動機」。客機的發動機裝在主翼下方，大多數戰鬥機的發動機則裝在機身上。

**戰鬥機的發動機大多會加裝「後燃器」**（after burner，加力燃燒室）。在噴射發動機排出的氣體裡，還殘留著大量的氧。後燃器就是把燃料注入這個排氣，使其再一次燃燒，藉以獲得巨大推力。使用後燃器，使飛機能夠做到短場起降和緊急加速等動作。

以F-35B所配載的發動機「F-135」來說，通常最大輸出約12公噸重，但若使用後燃器，則其輸出可提升至約19公噸重。也就是說，能夠在瞬間把輸出增加1.6倍。

此外，**有些戰鬥機也配備了能夠改變排氣方向的「推力偏向噴嘴」**（thrust vectoring nozzle）。以F-35B來說，藉由這種噴嘴，能做到垂直起降和滯空懸停（hovering）。另一方面，洛克希德·馬丁公司和波音公司共同開發的「F-22」，則是使用推力偏向噴嘴來提高機動性，以便做到緊急轉彎等操作。

**F-35B為了控制垂直起降時的姿勢，除了推力偏向噴嘴之外，還在機體的前方部位裝設了「舉升風扇」**（lift fan）。垂直起降之際，使用這個舉升風扇，從上部吸進空氣，往下部排出，有助於取得機體前後的平衡。而且，這個舉升風扇會在空氣進氣口的周邊製造出低溫氣流，以防止從發動機排氣口排出的熱氣流朝前方捲過來。發動機一旦吸進了從排氣口排出的熱空氣，推力會急遽下降，可能發生導致墜落的嚴重事故。

像這樣，戰鬥機為了提高匿蹤性和機動性，著實費心做了各式各樣的特殊設計。

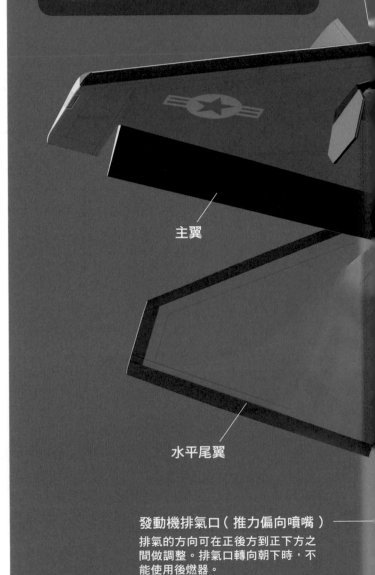

**滾轉噴管**
在滯空懸停及垂直起降時，將發動機所抽取的壓縮氣流排出，藉以控制滾轉（左右傾斜）方向的姿勢。從尖端的噴氣口把空氣噴射出來。

### 利用四股氣流控制姿勢

圖示為F-35B使用十字配置的「推力偏向噴嘴」、「舉升風扇」以及「滾轉噴管」（roll post）進行滯空懸停的場景。發動機向下的推力最大可達約8.5公噸，舉升風扇的推力也可達約8.5公噸，兩個滾轉噴管的推力合計約1.5公噸。

主翼

水平尾翼

**發動機排氣口（推力偏向噴嘴）**
排氣的方向可在正後方到正下方之間做調整。排氣口轉向朝下時，不能使用後燃器。

發動機所抽取的壓縮氣流

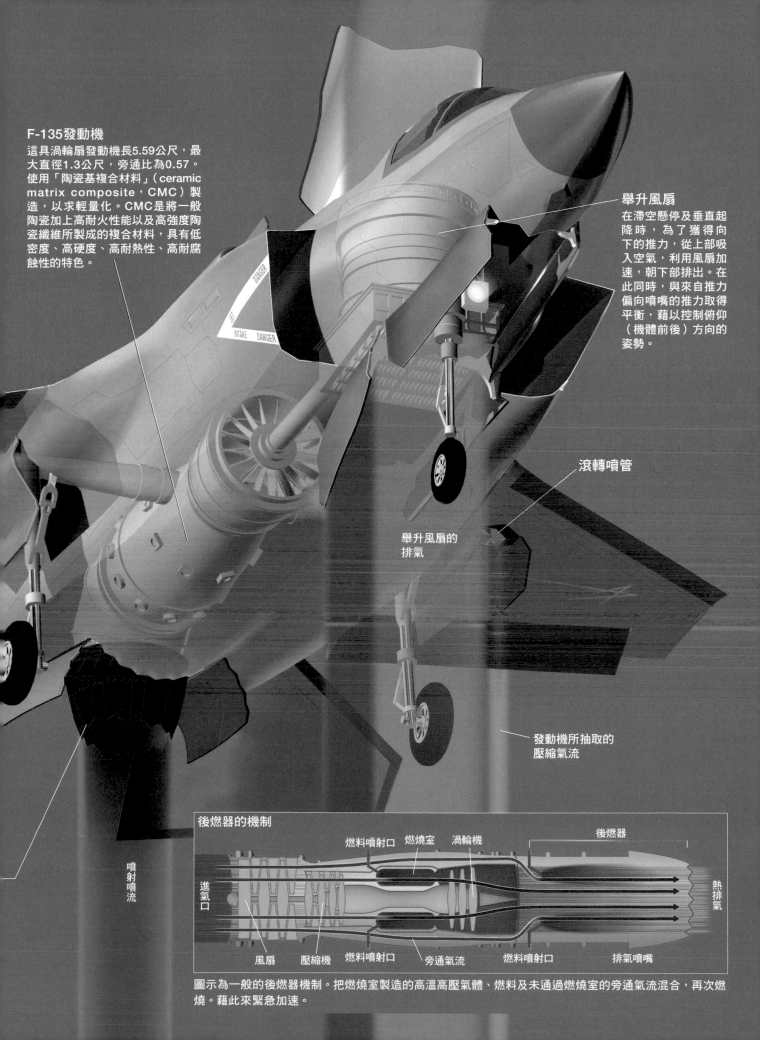

**F-135發動機**
這具渦輪扇發動機長5.59公尺,最大直徑1.3公尺,旁通比為0.57。使用「陶瓷基複合材料」(ceramic matrix composite,CMC)製造,以求輕量化。CMC是將一般陶瓷加上高耐火性能以及高強度陶瓷纖維所製成的複合材料,具有低密度、高硬度、高耐熱性、高耐腐蝕性的特色。

**舉升風扇**
在滯空懸停及垂直起降時,為了獲得向下的推力,從上部吸入空氣,利用風扇加速,朝下部排出。在此同時,與來自推力偏向噴嘴的推力取得平衡,藉以控制俯仰(機體前後)方向的姿勢。

**滾轉噴管**

**舉升風扇的排氣**

**發動機所抽取的壓縮氣流**

**噴射噴流**

**後燃器的機制**

燃料噴射口　燃燒室　渦輪機　　　後燃器

進氣口　　　　　　　　　　　　　　　熱排氣

風扇　壓縮機　燃料噴射口　旁通氣流　燃料噴射口　排氣噴嘴

圖示為一般的後燃器機制。把燃燒室製造的高溫高壓氣體、燃料及未通過燃燒室的旁通氣流混合,再次燃燒。藉此來緊急加速。

# 首航60年後仍活躍未退役的F-4

暱稱為「幽靈Ⅱ式」（Phantom Ⅱ）的F-4，是在1958年首次飛行的美國第三代噴射戰鬥機。其「幽靈」（Phantom）一字源自「麥克唐納FH」（McDonnell FH）的暱稱，這是1940年代美國海軍艦隊部署的世界首架噴射艦載戰鬥機。

當初F-4是以開發海軍航空母艦搭載的艦載機為標的，在1961年部署「F-4B」。但在同一時期，空軍也開始新型戰鬥機的評選作業，F-4綜合性能獲得很高的評價，因此在1963年針對空軍推出「F-4C」。

F-4的主要特徵之一，在於它是雙座型（2名乘員）戰鬥機。直到第二次世界大戰之前，戰鬥機的武器絕大部分只有機鎗。但是在1950年代以後，出現了飛行速度超過音速的超音速飛機，戰鬥機的戰術也隨之有了新的思維，希望發展出能與其對抗的雷達及空對空飛彈（從飛機發射且以飛機為目標的飛彈）等技術，當敵機還遠在機鎗射程之外的距離時就能即早發現，並發射空對空飛彈把它擊落，而不須與敵機進行空中纏鬥。因此，F-4設計成前座人員負責操縱，後座人員負責偵測敵機及發射飛彈等雷達作業，並配備當時的高性能雷達，在雲中及夜間等視線不良的狀況下也能運作，是第一架真正的「全天候型戰鬥機」。

身為艦載戰鬥機的F-4，為了提高起降時的穩定性，配備了巨型機翼，以及推力相當大的雙發動機，所以攜帶武器的能力也是一流。它不僅能以飛機為對手進行交戰，也能攜帶炸彈做為戰鬥轟炸機使用，或者改造成偵察機型RF-4等等，用途相當廣泛。F-4也為全球許多國家的空軍大量採用，至今已經生產了5195架。雖然在美國本土於1980～1990年代陸續退役，但現今仍在部分國家服役中。日本於1971年引進F-4EJ，這是把空軍型的F-4E加上獨特改良而成的機型，後來又陸續更換為最新的裝備，2020年起將陸續汰換成F-35，讓F-4EJ走入歷史。

## 日本航空自衛隊的 F-4EJ 改良型

相片所示為日本航空自衛隊新田原基地第301飛行中隊的F-4EJ改良型。自衛隊是以「專守防衛」為原則，不攻擊其他國家，只在本國領土範圍內擊退來犯敵機，所以在1971年引進F-4，除去攻擊地面目標的功能等等，依照日本獨有的需求特別修改成為F-4EJ。到了1980年代，又把裝備更換為最新的款式成為F-4EJ改良型，從電腦、引導機體至目的地的導航裝置、雷達到配備的武器等等都做了大幅更新，提升飛行及戰鬥的能力。

### F-4 幽靈II式規格一覽表

※：F-4E諸元

| | |
|---|---|
| 長度 | 19.20 公尺 |
| 高度 | 5.00 公尺 |
| 翼展 | 11.71 公尺 |
| 機機翼面積 | 49.2 平方公尺 |
| 空重 | 13,757 公斤 |
| 發動機 | GE J79-GE-17 2具 |
| 推力 | 52.8 kN × 2 |
| 推力（使用後燃器時） | 79.7 kN × 2 |
| 最快速度 | 2.23 馬赫 |
| 續航距離 | 3185 公里 |
| 乘員數 | 2 名 |
| 開發 | 麥克唐納·道格拉斯公司（McDonnell Douglas） |

# 運動性能優異的戰機傑作F-15

**暱** 稱「鷹式」（Eagle）戰機的F-15，是1972年首航，1976年開始服役的單座（1名乘員）大型戰鬥機。

美國原本寄望以F-4達成這樣的戰術，亦即使用高性能雷達從遠距離即早偵測敵機，並用空對空飛彈予以擊落，但是在從1961年開始軍事介入的越戰中，這樣的構想並未獲得預期的效果。因為飛彈的性能不足，經常無法有效地命中目標物，而且，為了避免與支援北越的蘇聯和中國軍機發生直接衝突，欲採遠距發射飛彈來應對目視無法確認來機國籍的方式，也只好禁止使用。為此，特地配備的遠距空對空飛彈卻派不上用場，等到進入空中纏鬥的階段，反而常遭舊型但運動性能優異的米格-17、米格-19和米格-21所擊落。

此外，1967年面世的蘇聯米格25，最大速度超過3馬赫，爬升及加速性能極為優異，對於美國來說更是一大威脅。

因此，美國積極開發空戰運動性能高超、爬升及加速性能也非常優異的終極制空戰鬥機，推出了F-15。配備有巨型機翼，以及即使大角度拉抬機頭也能穩定駕駛的2片式垂直尾翼。配載2具大推力渦輪扇發動機，最大速度超過2馬赫，推力重量比（發動機的推力除以機體重量的值）超過1。也就是說，在理論上，能夠把機體從處於垂直豎立的靜止狀態像火箭一樣地推舉上升。藉由這樣的設計，便實現了極高的運動性能和速度性能。

自1976年開始服役以來，包括初期型F-15A/B[1]及增加燃料承載量的改良型F-15C/D[2]等等，總共生產了1200架以上，並且為日本、以色列、沙烏地阿拉伯等國廣泛採用。在實戰中，擊落了100架以上的交戰敵機，卻沒有任何一架F-15遭到擊落。從1988年起，機體重新設計，成為F-15E戰鬥轟炸機，暱稱為「打擊鷹」（Strike Eagle）。

※1：F-15A為單座，F-15B為雙座。
※2：F-15C為單座，F-15D為雙座。

**F-15鷹式規格一覽表**

※：F-15C諸元

| 長度 | 19.43 公尺 |
|---|---|
| 高度 | 5.63 公尺 |
| 翼展 | 13.05 公尺 |
| 機機翼面積 | 56.5 平方公尺 |
| 空重 | 12973 公斤 |
| 發動機 | P&W F100-PW-220E 2具 |
| 推力 | 64.9 kN × 2 |
| 推力（使用後燃器時） | 105.7 kN × 2 |
| 最快速度 | 2.5 馬赫 |
| 續航距離 | 4600公里 |
| 乘員數 | 1名 |
| 開發 | 麥克唐納·道格拉斯公司 |

## 捍衛日本領空的 F-15J

相片所示為日本航空自衛隊小松基地第303飛行中隊的F-15J。機體設計大致上與生產架數最多的F-15C相同,採取「授權生產」的方式,在美國政府與開發企業的認可下,交由日本廠商製造,從1981年開始總共生產165架投入服役。但是,可偵測並干擾敵方空對空飛彈來襲的「戰術電子戰裝置」,並未獲得美國政府核可提供技術,所以配備的裝置是日本自行開發的。另外,也部署了48架雙座型的F-15DJ。

# 廣為各國採用的輕型戰機F-16

**越**戰後，F-15取代F-4成為美國空軍的主力戰鬥機。不過，F-15固然擁有超群的性能，但價格極為昂貴，當時美國空軍不可能把現役2000架以上的F-4全部都換成F-15。為此，美國空軍提出了「高低混合」（High-Low Mix）的構想，亦即引進性能沒那麼高超，但價格比較親民的小型輕量戰鬥機，把「質」的F-15和「量」（＝架數）的新機混搭運用。

根據這個構想開發出來的戰機，就是1984年首次飛行的F-16（Fighting Falcon，暱稱戰隼），每架的引進成本約可以壓低到F-15的一半。採用單發動機，具有單座、雙座兩種型式（使用「F-16A／B」的機型代號，「A」為單座，「B」為雙座）。

F-16的機體特徵是主翼和機身合為一體的「翼身融合」（blended wing body），藉此獲得減小空氣阻力及增加升力的效果。此外，從駕駛艙的操縱桿及踏板到升降舵及方向舵等動翼之間的控制系統，也是軍用機首次放棄用機械性纜線連接，而改為以電線串連，透過電力訊號進行控制的「線傳飛控」（fly by wire）。

F-16隨著時代演進不停地進行細部升級，光是量產機就有20種以上的衍生機型。而且，它的用途相當廣泛多元，除了與其他飛機進行空中戰鬥之外，也可做為對地攻擊、對艦攻擊及轟炸機使用。2015年首次飛行的最新「F-16E/F Block 70/72」[※]，配載了與F-35等機種幾乎同等級的射控雷達（用於偵測敵機、發射並引導飛彈的雷達）和最新的導航系統。

F-16在全球有25個以上的國家引進，累計生產了4500架以上，也是美國空軍現役戰鬥機中數量最多的機種。日本的「F-2」也是以F-16為基礎，將機體大型化並加以改良。

※：單座的F-16E和雙座的F-16F，分別各擁有配備不同發動機的「Block70」和「Block72」。

**F-16 戰隼規格一覽表**

※：F-16C Block 50諸元

|  |  |
|---|---|
| 長度 | 15.03 公尺 |
| 高度 | 5.09 公尺 |
| 翼展 | 9.45 公尺 |
| 機機翼面積 | 27.87 平方公尺 |
| 空重 | 8270 公斤 |
| 發動機 | GE F110-GE-129 1具 |
| 推力 | 73.6 kN × 1 |
| 推力（使用後燃器時） | 144.5 kN × 1 |
| 最快速度 | 2.0 馬赫 |
| 續航距離 | 4472公里 |
| 乘員數 | 1 名 |
| 開發 | 通用動力公司（General Dynamics） |

## 正在投放熱焰彈的 F-16

相片所示為美國亞利桑那州空軍州民兵第162戰鬥航空聯隊的單座型F-16（F-16C）。該航空聯隊配備有70多架F-16，正進行飛行員的訓練等作業。右上方飛機正投放明亮且冒著煙的「熱焰彈」（flair），做為「誘餌」的熱源，以逃離藉紅外線導引追蹤戰鬥機排氣口的空對空飛彈。

# 航母航空聯隊主力的艦載機F/A-18E

**在** 1970～80年代，美國海軍航空母艦上往往搭載著按不同任務而詳細分工的多種軍用機，例如負責艦隊防空的F-14 雄貓（Tomcat）、負責在敵陣上空纏鬥的F-4、進行地面攻擊的A-7海盜II式（Corsair II）、全天候攻擊機A-6 闖入者（Intruder）、利用雷達監視敵艦的空中預警機及偵測潛艦的反潛機等等。其中F-4和A-7後來替換成同一個機種F/A-18，且海軍及海軍陸戰隊的部隊都採用。因此，從一開始就把系列型號訂為「F/A」。

F/A-18暱稱「大黃蜂」（Hornet），以空軍引進F-16之際的試驗機之一YF-17為原型，把機體大型化，並追加艦載戰鬥攻擊機的裝備，於1979年開始量產F/A-18A/B[※1]。到了1986年，又更新裝備成為F/A-18C/D[※2]。這個時期，正好A-6和F-14即將除役，而F/A-18的發展型十分適合做為後繼機種，於是開發出了暱稱「超級大黃蜂」（Super Hornet）的F/A-18 E/F[※3]。

F/A-18外觀的明顯特徵，就是配備了從主翼翼根朝機頭方向延伸的狹窄機翼，稱為邊條翼（strake）。利用這個邊條翼，在低速時可獲得優異的機動性及起降機能，使它成為適合艦載機的機體。此外還配備了兩具發動機，萬一單邊發動機無法運作，也能夠繼續飛行。這一點是為海上航機機體所做的特別考量。

在操縱裝置方面，採用線傳飛控的方式。駕駛艙是玻璃駕駛艙（glass cockpit），各類資訊都顯示在儀表板的3面觸控式面板液晶顯示器上。偵測敵機的武器管制雷達可同時追蹤8個目標，比起1970年代的F-15和F-16，向電子化及數位化大幅前進了。

超級大黃蜂的長度比大黃蜂多了1.3公尺，主機翼面積加大了25%。機身側面的進氣口從D字形改成菱形，也是辨別它和大黃蜂的一個重點。

※1：F/A-18A為單座，F/A-18B為雙座。
※2：F/A-18C為單座，F/A-18D為雙座。
※3：F/A-18E為單座，F/A-18F為雙座。

**F/A-18 E/F 超級大黃蜂規格一覽表**

※：F/A-18 E諸元

|  |  |
|------|------|
| 長度 | 18.38 公尺 |
| 高度 | 4.88 公尺 |
| 翼展 | 13.68 公尺 |
| 機翼面積 | 46.5 平方公尺 |
| 空重 | 14007公斤 |
| 發動機 | GE F414-GE-400 2具 |
| 推力 | 57.8 kN × 2 |
| 推力（使用後燃器時） | 97.9 kN × 2 |
| 最快速度 | 1.8 馬赫 |
| 續航距離 | 2900公里 |
| 乘員數 | 1 名 |
| 開發 | 麥克唐納・道格拉斯公司 |

## 航空母艦航空聯隊的 F/A-18E

相片所示為2013年4月舉辦的航空展中，2架F/A-18E的飛行雄姿，所屬為美國海軍第14打擊戰鬥飛行中隊「高帽人」（Tophatters）。這個飛行中隊是「約翰·C·史坦尼斯號」（John C. Stennis）航空母艦搭載的4個戰鬥機中隊之一，各中隊由10～14架F/A-18 E/F組成。除此之外，航空母艦還搭載有負責干擾敵機雷達的電子作戰機及空中預警機、直升機等十多架飛機，全體構成航空母艦航空聯隊。

相片中可以看到翼尖拉出條狀的白色雲帶。是因為在翼尖處產生了「翼尖渦流」，其中的空氣經由加速而瞬間膨脹，導致溫度降低形成細小的水滴。

# 21世紀最強的制空機F-22

**F-22 猛禽**

美國空軍為了開發F-15的後繼機種，於1985年成立了「先進戰術戰鬥機」（Advanced Tactical Fighter，ATF）計畫。開發出來的成果就是暱稱「猛禽」（Raptor）的F-22，於2001～2011年量產，從2005年開始服役。

F-22最大的特徵是匿蹤性。機體的形狀排除「直角」的設計，主翼及尾翼的邊緣、進氣口的形狀等儘可能統一成相同角度的直線或平面，使得從地面的防空設施或敵機射來的雷達電波不會循原來方向返回。藉此，即使遭雷達波照射到，反射波只會往特定的方向集中，不會射往其他方向。除此之外，還採取了種種對策，例如機體表面使用能吸收雷達波的材料、消除構件的接縫、駕駛艙窗戶塗上金屬膜等等，以求達到徹底的匿蹤效果。通常懸掛在機身及主翼下方的武器也全部收藏在機身內部。

藉由這些措施，F-22的雷達反射截面積（Radar Cross Section，RCS）和一隻小鳥差不多，只有0.0001～0.005（單位：平方公尺）而已。F-15的RCS為10～25、F/A-10的RCS為1～3，相較之下，F-22在雷達上可說是「看不到」。

F-22的另一個特徵，是超音速巡航（super cruise）的能力。現在多數戰鬥機的最大速度為2馬赫級，但若要以超過1馬赫的超音速飛行，必須使用後燃器（把燃料噴入發動機的排氣中，使其再次燃燒，藉以增加推力的機能）。而後燃器會耗用大量的燃料，只能使用幾分鐘，因此，以超音速飛行的情況並不多。但是，F-22使用大推力發動機，不必使用後燃器就能以1.8馬赫的速度巡航。在閃避敵機攻擊或追蹤敵機加以攻擊的時候，這項能力可以取得壓倒性的優勢。此外，發動機的排氣噴嘴採用能夠上下動作的推力偏向噴嘴，藉此實現極高度機動性的要求，也是它的特徵之一。

F-22的製造單價在2009年時高達4億美元左右，因此，美國空軍原本打算配置750架，後來不得不刪減為195架。為了保持機密，完全禁止輸出，也不准許授權國外廠商生產。

**夏威夷的 F-22**
相片所示為正在夏威夷歐胡島上空進行訓練的F-22，所屬為美國夏威夷州空軍國民兵（Air National Guard）。為了實現極度匿蹤性能，構成機體的直線部分，包括進氣口邊緣、主翼及水平尾翼的前緣及後緣等，都做成相同的角度，構件的接縫也做成鋸齒狀或三角形。駕駛艙的窗戶塗有薄層金屬膜，防止雷達電波傳進駕駛艙。整個機體漆成沒有光澤的灰色，這稱為低能見度塗裝（low visibility paint），具有在空中不易被辨識判定的效果。

**F-22 猛禽規格一覽表**

※：F-22A諸元

|  |  |
|---|---|
| 長度 | 18.92 公尺 |
| 高度 | 5.08 公尺 |
| 翼展 | 13.56 公尺 |
| 機翼面積 | 78.04 平方公尺 |
| 空重 | 19700公斤 |
| 發動機 | P&W F119-PW-100 2具 |
| 推力 | 116 kN × 2 |
| 推力（使用後燃器時） | 156 kN × 2 |
| 最快速度 | 2.25 馬赫 |
| 續航距離 | 3700公里 |
| 乘員數 | 1 名 |
| 開發 | 洛克希德・馬丁公司 |

# 改良自著名機種「側衛」的 Su-35

目前俄羅斯空軍和海軍正在使用的戰鬥機，幾乎以米格-29〔Mig-29，北約代號「支點」（Fulcrum）〕、蘇愷-27〔Su-27，北約代號「側衛」（Flanker）〕及其衍生機型為主。這兩型都是從1970年代後期開始研發，而在1980年代投入服役，比美國F-15和F-16稍微晚一點。米格-29主要適合在最前線與敵機進行空中纏鬥，Su-27則是對應長途飛行的迎擊及防空用途的大型戰鬥機。Su-27的機體設計較具有改裝彈性，因此衍生出非常多的機型，例如雙座教練機、戰鬥轟炸機、艦載戰鬥機，以及針對出口國的客製化機種等等。

在這個Su-27系列裡，單座型戰鬥機的最新機種是2008年首航的Su-35（北約代號「側衛E」）。原本，是把Su-27加裝前翼（canard，裝設在機體前方的小翼）改良為Su-27M（北約代號「側衛E1」），從1987年起生產了17架，有一段時期還曾經編號為「Su-35」，但後來Su-27M並沒有量產。接著在1996年，把Su-27M加裝推力偏向噴嘴，開發出Su-37（北約代號「側衛E2」），但也僅是試作就結束了。現在的Su-35是運用這些試作機的成果重新開發的機種，裝設了能夠上下及左右動作的推力偏向噴嘴，能夠做出複雜的纏鬥動作，但沒有裝設前翼。

Su-27系列的特徵，在於低速時的運動性能出奇優異，從第一代Su-27就能做到把機頭拉抬90度以上也不會失速，然後再度回復水平飛行的「眼鏡蛇機動」（cobra maneuver）動作。Su-35進一步利用數位線傳飛控，把推力偏向噴嘴和動翼做整合控制，甚至可以做到把機體拉到垂直再做後空翻的「筋斗機動」（Kulbit maneuver）動作。美國的戰鬥機當中，能做到這種動作的機種，只有同樣具有推力偏向能力的F-22。

俄羅斯空軍部署了48架Su-35，並曾派往敘利亞等國。截至目前為止，總共生產了112架，也輸出到印尼及中國。

（第58～69頁撰文：中野太郎）

Su-35 側衛 E 規格一覽表

| | |
|---|---|
| 長度 | 21.9 公尺 |
| 高度 | 5.9 公尺 |
| 翼展 | 14.7 公尺 |
| 機翼面積 | 62.04 平方公尺 |
| 空重 | 17000公斤 |
| 發動機 | Saturn AL-41F1S 2具 |
| 推力 | 86.3 kN × 2 |
| 推力（使用後燃器時） | 142 kN × 2 |
| 最快速度 | 2.25 馬赫 |
| 續航距離 | 3600公里 |
| 乘員數 | 1名 |
| 開發 | 蘇愷航空集團（Sukhoi） |

姿。機體形狀和第一代Su-27大致相同,具有2片垂
直尾翼和邊條翼,採用機身和主翼平順併連在一起的
翼身融合設計。在航空展中表現出有如特技般的機動
性能,是Su-27系列的家傳絕活。

# 利用陽光而能夠半永久飛行的「太陽能飛機」

現在的噴射機是藉由燃燒「航空煤油」（kerosene）在天空中飛航。因此，會在上空排放大量的二氧化碳及氮氧化合物，對環境造成嚴重影響。

為了解決這個問題，**便開始研究利用陽光來飛行的飛機（太陽能飛機）**。以瑞士洛桑聯邦理工學院（EPFL）為主力進行開發的「陽光動力2號」（Solar Impulse II），在長達71.9公尺的兩片機翼上，裝設了17248片太陽能電池。**雖然機翼的長度和A380不相上下，但機體重量只有2.3公噸（A380的營運自重為大約270公噸）**。陽光動力2號使用4具螺旋槳推進，最高時速143公里。白天使用太陽能電池發電，利用馬達轉動螺旋槳而飛行。同時，利用鋰離子二次電池（可充電電池）進行充電，夜晚便使用這些儲存的電力繼續飛行。2015年3月，從阿拉伯聯合大公國的阿布達比出發，開始環繞地球一周的航程，於2016年7月重回原地。另外，無人駕駛的太陽能飛機也正在開發之中。空中巴士公司持續投入開發的「和風S號」（Zephyr S）於2018年夏季在亞利桑那州創下了連續飛行25天23小時57分鐘的新紀錄。

太陽能飛機要做什麼用途呢？日本慈幼（Salesio）工業高等專門學校的渡邊聰教授，正致力於開發載人太陽能飛機，他表示：「太陽能飛機只要不故障就能半永久性飛行。運用這個特性，**讓無人機在高度20公里以上的高空（平流層）持續飛行，或許能做為行動電話及網際網路的中繼站。**」

截至目前為止，無線基地台的設置都是採行配置於地面，或搭載於人造衛星的形式。地面的設備容易受到周圍大樓等障礙物的強烈影響，而利用人造衛星則會有傳抵地面的電波變弱，或產生時差等問題。利用太陽能飛機或許能夠解決這類的問題。

通訊衛星

太陽能飛機和通訊衛星之間的資訊收發

太陽能飛機

太陽能飛機和客機之間的資訊收發

客機

太陽能飛機和無線電基地台之間的資訊收發

太陽能飛機和電視塔之間的資訊收發

無線電基地台

電視塔

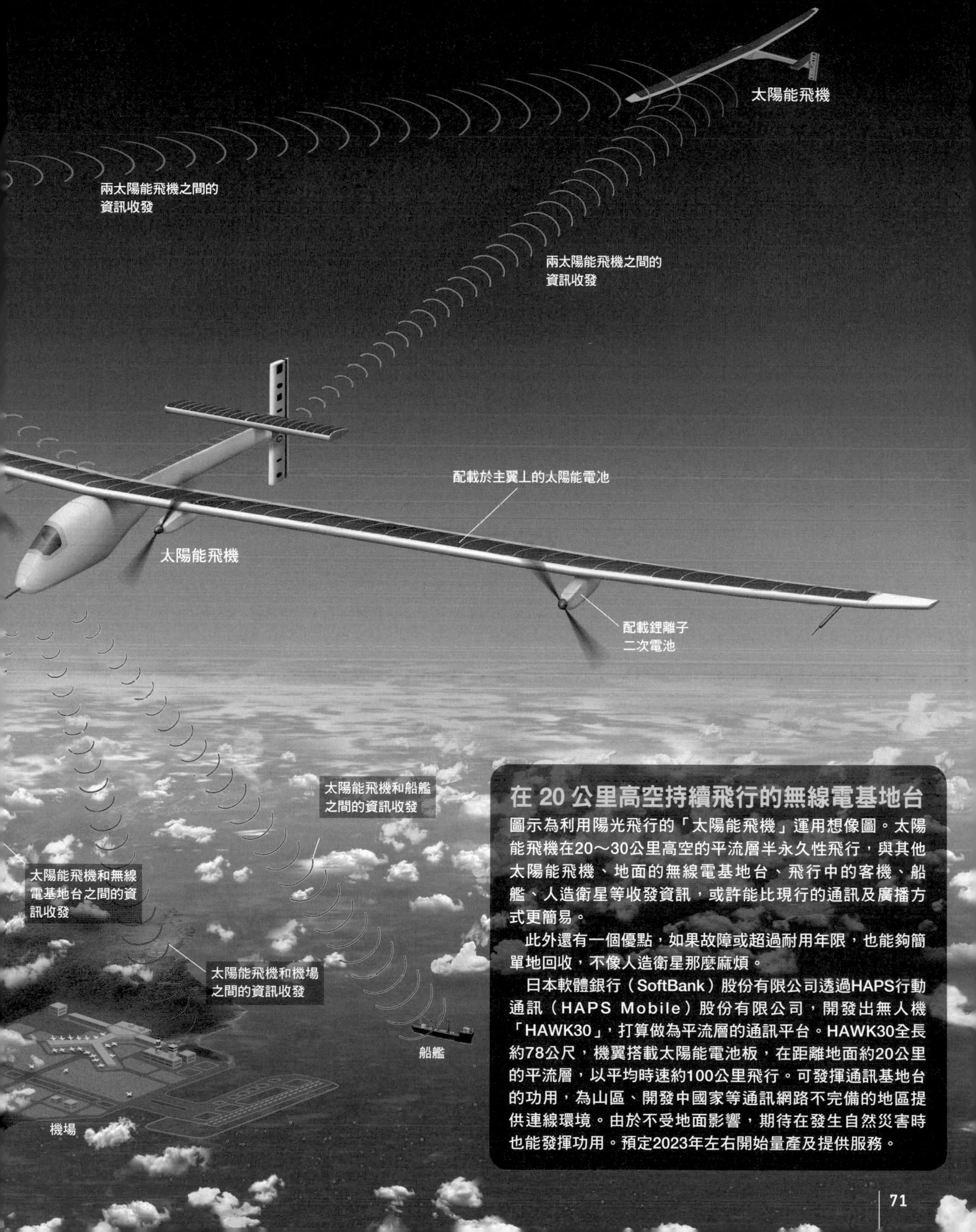

太陽能飛機

兩太陽能飛機之間的
資訊收發

兩太陽能飛機之間的
資訊收發

配載於主翼上的太陽能電池

太陽能飛機

配載鋰離子
二次電池

太陽能飛機和船艦
之間的資訊收發

太陽能飛機和無線
電基地台之間的資
訊收發

太陽能飛機和機場
之間的資訊收發

機場

船艦

## 在 20 公里高空持續飛行的無線電基地台

圖示為利用陽光飛行的「太陽能飛機」運用想像圖。太陽能飛機在20～30公里高空的平流層半永久性飛行，與其他太陽能飛機、地面的無線電基地台、飛行中的客機、船艦、人造衛星等收發資訊，或許能比現行的通訊及廣播方式更簡易。

此外還有一個優點，如果故障或超過耐用年限，也能夠簡單地回收，不像人造衛星那麼麻煩。

日本軟體銀行（SoftBank）股份有限公司透過HAPS行動通訊（HAPS Mobile）股份有限公司，開發出無人機「HAWK30」，打算做為平流層的通訊平台。HAWK30全長約78公尺，機翼搭載太陽能電池板，在距離地面約20公里的平流層，以平均時速約100公里飛行。可發揮通訊基地台的功用，為山區、開發中國家等通訊網路不完備的地區提供連線環境。由於不受地面影響，期待在發生自然災害時也能發揮功用。預定2023年左右開始量產及提供服務。

# 新世代飛機的開發，朝更為快速、舒適、安全的方向邁進

自1903年萊特兄弟駕駛「飛行者號」完成史上第一次載人動力飛行至今，這117年來，飛機經過一再改良，讓空中旅行更安全，也更舒適。但是，飛行時間過於漫長、發動機發出的噪音、亂流造成的機體搖晃等等，飛機還有許多問題尚未克服。為解決這些問題，專家們正在研究開發各式各樣的飛機。

## 在機體的形狀下工夫，以求減輕音爆

首先介紹追求高速的新世代客機研究。史上第一架超音速客機「協和號」，由於未能解決音爆（sonic boom，因超音速飛行產生震波所發出的巨大聲響）對陸地上人們生活所造成的不良影響，只獲准在海面上做超音速飛行。

為了在陸地上也能做超音速飛行，目前，JAXA（日本宇宙航空研究開發機構）和日本東北大學**都在研究能夠大幅減低音爆的超音速客機。**

JAXA正研究中的超音速客機（1），巡航速度1.6馬赫。藉由電腦模擬及風洞實驗（以人工方式製造氣流，以便重現並觀測實際氣流的實驗），**設計出能使抵達地面的震波分散，因而減小音爆的機體。**於2015年7月在瑞典使用實驗機進行實驗，實際做到了能夠將抵達地面的音

爆減小。未來，希望能和國內外飛機廠商合作打造超音速客機。

另外一方面，日本東北大學開發的超音速客機則是完全不同的概念（2）。這一架命名為「みそら」（Mitigated SOnic-boom Research Airplane，MISORA，減輕音爆實驗機），巡航速度1.7馬赫，具有上下2片機翼（複翼），雖然做超音速飛行時也會發出音爆，但絕大部分音爆都出現在2片機翼的內側，並且會互相抵銷。此外，一般飛機大多把發動機配置在機翼下方，然此實驗機的發動機卻夾在2片機翼之間，藉此把音爆減低到以往的25%左右。再把眼光投向國際，NASA（美國航空暨太空總署）正在進行載人低音爆實驗機「X-59 QueSST」的開發。由洛克希德·馬丁公司負責設計，預定2022年實施首次飛行。

如果利用這些研發出來的技術，使飛機在海陸上都能做超音速飛行的話，則從東京飛到紐約只需要6個小時左右，幾乎為現在的一半。

## 更快速！東京到洛杉磯只需2個小時

另一方面，JAXA也正在研究「極超音速客機」，希望在較遠的未來能以5馬赫飛行（第74頁插圖3）。

極超音速客機會因為隔熱壓縮（在熱未散逸於外的狀態下，把空氣急速壓縮）和空氣摩擦而致機體溫度升高。和2馬赫以下的超音速客機相比，極超音速客機是在非常高溫的環境中飛行，所以必須進行新式發動機及耐熱構造等等的研究開發。例如，**當以5馬赫飛行時，吸入發動機進氣口（intake）的空氣溫度高達1000℃左右**，如果讓如此高溫的空氣直接進入發動機，則其機件會有受損之虞。因此，在極超音速渦輪噴射發動機部分，正在研究使用超低溫（負253℃）的液態氫做為燃料，利用這種燃料把吸入的空氣降溫到發動機能夠耐受的300℃左右。

試驗用發動機於2016年2月施行風洞實驗，證實了在等同於4馬赫飛行的環境中，利用液態氫把空氣冷卻、以高溫（約2000K）後燃器燃燒等等要求都能夠做到。目前，正在進行以5馬赫飛航之極超音速飛行實驗機的設計和風洞實驗。此外，也活用液態氫燃料超低溫的特性，對使用超導電馬達運作輕量燃料泵等進行研究。

如果能夠實現，則東京到洛杉磯約只需2個小時。而且，**液態氫燃料燃燒後不會排出二氧化碳，環境負荷非常小。**因此，這種使用液態氫燃料的噴射發動機如若運

## 能夠抑制音爆產生的超音速新式飛機

機頭形狀宛如鴨嘴獸的嘴巴

主翼阻力小，並且能抑制震波的產生

JAXA正在開發的「小型安靜超音速客機」想像圖。藉由電腦模擬及風洞實驗，構思能夠抑制音爆產生的機體形狀。

2片式複翼能夠抵消震波

機體中央有2具發動機，左右兩側則各有1具。

日本東北大學正在研發的「MISORA」想像圖。利用2片式複翼抵消音爆的想法。

用在現有客機的推進器上，也有可能造出不依賴石化燃料的客機。

## 對環境友善的電動飛機

為了降低對環境的影響，JAXA也展開了「電動飛機」的開發，**這是不用發動機而改用電動馬達飛行的飛機。**

**電動飛機的優點在於能量轉換效率極高。**使用汽油發動機飛行的螺旋槳飛機，能量轉換效率為20%左右，但電動馬達的效率可達到90%以上。此外，由於構造簡單容易檢修，不需要像目前發動機這樣的大規模拆解檢修（overhaul）。綜合這些因素，估計可將航運成本削減將近40%。而且，**運轉聲音很小，可以減少噪音的災害，同時振動也小，乘坐感覺比較舒適。**

JAXA研究飛機所使用的電動推進系統，於2014年在馬達滑翔機上安裝最大輸出60千瓦級的電動馬達，完成了載人飛行實證實驗（4）。這個輸出和傳統的螺旋槳飛機為相同等級。進一步，**專家們也正在研議「油電混合飛機」，企圖把使用液態氫燃料或生質燃料的發動機，和這個電動推進系統結合在一起運用。**

但是，還有一些課題尚未解決。目前使用的是重量輕且輸出大的「鋰離子二次電池」，但能量的容量遠遠比不上化石燃料，因此續航時間很短。未來，如果能開發出更有力的馬達和能量密度更大的電池，或許能打造出長途航運的大型電動客機。

現今NASA正在開發編號「X-57 Maxwell」的電動飛機。美國實驗機「X飛機」系列肇始於火箭飛機X-1，而X-57則是該系列中的一款最新機種，預定最終將配載14具電動馬達。

## 從住家搭乘「空中計程車」到機場

現在想要搭飛機的話，就必須大老遠前往機場才行。**如果能開發出類似直升機可以垂直起降，並且又像飛機一樣能高速巡航的飛行器，飛機就會成為更貼近生活，也更方便的交通工具了。**

目前，JAXA正在研究垂直起降機的一種概念，是在飛機主翼裝設4具螺旋槳（第76頁圖）。起飛時，主翼豎

**3.** 以5馬赫飛行的極超音速客機

平坦的機身能產生升力

極超音速渦輪噴射發動機

JAXA正在開發的「極超音速客機」想像圖。機身部分做成平坦狀，使之能夠產生升力。

起,其前緣和螺旋槳都朝上,俟爬升至安全高度之後,再把主翼恢復,螺旋槳徐徐轉向前方,如同普通飛機一樣飛行。**巡航時,能夠以渦輪螺旋槳(turboprop)飛機相當的速度高速飛行。**

開發垂直起降機的困難之處,在於從滯空懸停狀態改變螺旋槳方向轉換成巡航狀態,期間如何妥善地控制姿勢。在使用小型無人機進行飛航實驗之後,證實了以下情況,亦即當螺旋槳的角度從90度(垂直)轉到0度(水平)的飛行狀態時,姿勢控制系統就能妥善地發揮功能。

如果這種飛機能夠實用化,就可以先從住家附近類似直升機停機坪(heliport)的起降場搭小型機飛到機場,再轉搭大型客機前往海外。

這也就是所謂「空中計程車」(air taxi)的概念。此外,也可以在沒有跑道的離島、山區擔負運輸及災害救助任務。在世界多國展開汽車派遣服務的美國優步公司(Uber),已經和NASA簽訂合作契約,共同推展空中計程車事業。

## 事先掌握亂流造成的搖晃!

搭乘客機時,應該曾經碰過這樣的情況:「繫上座位安全帶」的燈號突然亮起,飛機開始上下左右劇烈搖晃,令人不安。而肇事的禍首就是「亂流」(turbulence)。客機遭遇亂流時,由於風速和風向的急遽變化,導致飛機機翼產生的升力會無法預測地急速變化,因而造成劇烈搖晃。

目前客機的機頭上都安裝有氣象雷達。利用這個雷達觀測周邊雲層的位置,再把觀測結果顯示在駕駛艙內的監視器螢幕上,如果出現大規模的積雨雲等等,便會改變預定的路線,繞過雲層。

但是有一種「**晴空亂流**」**會突然發生,不像雲那樣有肉眼可見的跡象。**由於肉眼和雷達都無法辨識,很難迴避。不過,JAXA現在正在研發一種技術,**利用「都卜勒雷達」(Doppler radar)觀測遠方亂流的距離及其強度,以求事先掌握晴空亂流,避免發生事故。**

裝設這種都卜勒雷達的飛機,不是發出電波,而是射出雷射光,再接收經由大氣中飄浮的細小水滴和微塵所

## 4.對環境友善的電動飛機

JAXA正在開發的「飛機用電動推進系統」。照片顯示飛行測試的場景。

散射回來的光，**藉此得以掌握前方約5～30公里處的氣流變化，亦即能夠得知亂流的狀態。**

未來希望能夠再進一步，根據這個事先掌握到的資訊，在闖入亂流之前，先計算出即使遭遇亂流也不會導致機體搖晃的操作方法，並且把它反映在自動駕駛上。一般的自動駕駛，是在遭遇亂流之後，才開始進行抑制機體搖晃的操作。但是在未來，將把前方氣流的資訊也一併納入計算，**在亂流導致搖晃之前，先計算出如何控制機體保持平穩的操作方法。**利用這些技術，或許能夠減少因遭遇晴空亂流而造成的事故（6）。

在2016年施行的實證實驗中，能夠觀測到前方大約17.5公里處的氣流動態。這表示，有可能在大約70秒鐘之前就掌握到前方的亂流。2018年，已將此系統配載於波音777型客機上，進行飛航測試。更安全、更舒適的客機問世已是指日可待。

## 派遣無人機深入人類難以接近的危險場域

最後要介紹的是，**美國亞馬遜公司（Amazon）及谷歌公司（Google）等企業所開發的「無人機」（drone）。**無人機是由電腦控制的無人駕駛飛行器總稱。但在最近，也成為旋翼機代名詞，這是藉多具放射狀配置的旋翼同時旋轉而維持平衡飛行的一種飛行器，因此也稱為**「多旋翼直升機」**（multi-rotor helicopter）（右頁相片）。利用增減旋翼的旋轉數來控制上升和下降，用改變各具旋翼的旋轉數使機體傾斜來控制前進和後退。

身為日本自律控制系統研究所創辦人，也致力於無人機的開發，野波健藏博士表示，無人機的機體重量光是電池就達到7公斤左右，飛行時間大約只有30分鐘（但會因風的影響而不同）。最大飛行速度為秒速20公尺（時速72公里），所以單程飛行可達30公里遠。

因此，野波博士從2011年左右開始研發**不使用GPS的無人機自律飛行。最初採行利用雷射的方法，後來採行利用攝影圖像，亦即視覺的方法。**這些技術稱為「雷射SLAM」（laser SLAM）和「視覺SLAM」（visual

**5. 使用4具螺旋槳有可能做到垂直起降**

把主翼和螺旋槳合為一體，轉變方向，進行垂直起降。

JAXA正在研發的「4發動機傾轉翼垂直起降客機」（four-engine tilt wing vertical takeoff and landing aircraft）想像圖。藉著改變螺旋槳及機翼的方向，順暢地進行垂直起降。

SLAM），主要是運用於地面機器人的領域。SLAM是simultaneous localization and mapping的縮寫，意思是「同步定位與地圖構建」。雷射SLAM是由無人機發射出雷射光，根據其反射波辨識障礙物所在之處，再利用高速掃描製作三維地圖。這項技術能夠同時推定自己處於3D地圖上的位置；視覺SLAM則是利用高速圖像處理技術來製作三維地圖和推定自己的位置。

利用這些技術，即使在沒有GPS的環境也能自律飛行，並且在3D地圖和人工智慧（AI）等的支援下，可望即時規畫抵達路線與飛行能夠同時兼顧。

這些無人機能夠運用在哪些領域呢？野波博士表示：

「噴發的火山、瀰漫有毒氣體的場所、高輻射線的區域等等，人類無法直接到達的地方，都可以派遣無人機前往空拍和測量。除此之外，橋梁及隧道等基礎建設的檢查應該也能派上用場！在生活周遭，也可以用在農藥及肥料噴灑等農林作業上。」野

波博士又說：「我想，大概在10年之後，在距離地面150公尺的上空，會有許多無人機飛來飛去，為我們運送各種貨物。這麼一來，會不會把物流和郵務的系統徹底革新呢？」　　　　　　🌑

## 可能會革新物流系統的「無人機」

日本自律控制系統研究所正在研究開發的「多軸飛行器」（multicopter）。能夠利用雷射列表機和圖像處理技術製作三維地圖，掌握自己的位置。上述機體於高速飛行時還能利用4眼相機製作正射圖像（orthoimage，經過幾何校正的一種空拍相片）。

## 6. 捕捉肉眼看不到的亂流本體

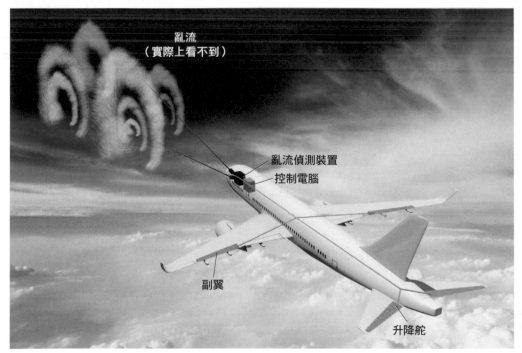

亂流
（實際上看不到）

亂流偵測裝置
控制電腦

副翼

升降舵

JAXA正在開發的亂流事故預防技術。事先掌握肉眼看不到的晴空亂流，藉此把機體的搖晃減到最小。

伊朗・克魯 Ilan Kroo

美國史丹佛大學教授。鑽研空氣力學最適設計。從事新世代滑翔翼「SWIFT」的設計、翼手龍的飛翔機制等研究，從各個層面構思飛機的應有樣貌。此外，也鑽研飛機對環境的影響、噪音問題、設計能永續飛行的飛機，並開發新世代個人用飛機。

Newton Special Interview　專訪 伊朗·克魯 博士

# 確信個人用飛機穿梭街道的時代即將來臨

現今的主流飛機是能長途運送許多人的大型客機。但是，美國史丹福大學伊朗·克魯教授堅信，就像私人汽車一樣，由個人擁有小型飛機在我們街道上空四處穿梭的時代必定會來臨。以下就請克魯教授，這位鑽研飛機最佳設計及新世代個人用飛機的學者，為我們談談飛機對環境的影響，以及未來的飛機樣貌。

＊本篇為2014年9月17日採訪的內容。

**Galileo：**教授在航空力學界是以「最佳化」（optimization）及「永續可能性」（sustainability）專家為人所熟知。首先想請教，「最佳化」是什麼意思呢？

**克魯：**所謂的「最佳化」，是飛機設計的手法之一。用超級電腦在極短時間內模擬機體的性能，就能在實際製造飛機之前，先試做幾千萬件的設計。最佳化就是如何在這麼多的設計當中聚焦於實際組構起來最適當的設計。

**Galileo：**那麼，「永續可能性」又是什麼意思呢？

**克魯：**「永續可能性」是指既能抑制對環境的影響，又能因應航空旅客增加的思考方法。我認為，20年後即使旅客哩程數※增加到3倍，對環境影響的抑制也可能做到和現在差不多或甚至更小的程度。在這裡所說對環境的影響，是指噪音、排氣等對大氣造成影響的一切事物。

**Galileo：**「最佳化」和「永續可能性」之間有什麼樣的關係呢？

**克魯：**這真是一個銳利的提問！在大多數時候，處理最佳化最困難的地方，在於如何定義什麼是最好的。優良的設計因素有很多，例如機體的空氣阻力小而效率性高、結構堅固而安全等等。如何把這些因素用正確的方法整合在一起，是一個大難題。必須先對問題下定義，才能擬訂有效的解決方案。

尤其是飛機，不能只討論效率性而已。如果以效率為唯一的考量，必定能打造出效率比現在高3倍的機體，但恐怕就要犧牲飛行速度，或者製造、燃料、維修之類的費用可能會變得非常昂貴！存在著許多必須同時考慮的因素，或者目的。成本、對環境的影響、安全等等的組合非常地重要。

**Galileo：**好像很難去決定它們的優先順序呢！可以讓我們了解一下使用最佳化的方法嗎？

**克魯：**在研究能夠為未來飛機做什麼事的時候，我們曾經試著把對於環境的影響、成本、機能放

※：乘員（旅客）人數乘上旅程（哩）的值。

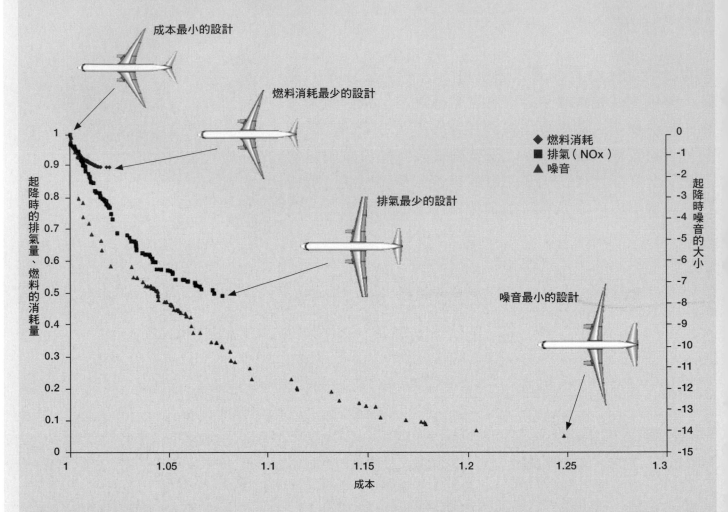

## 各種飛機環境性能的設計與成本關係

成本最小的設計

燃料消耗最少的設計

◆ 燃料消耗
■ 排氣（NOx）
▲ 噪音

排氣最少的設計

噪音最小的設計

起降時的排氣量、燃料的消耗量

起降時噪音的大小

成本

圖表所示為各種設計的飛機成本（橫軸）、起降時的排氣量（NOx：氮氧化合物）及燃料的消耗量（縱軸左側）、噪音大小（縱軸右側）之間的關係。全都是相對數值。成本除了製造費之外，還包括燃料、維修等總和費用。圖表上一個個點，表示不同設計的飛機。在製造實際的飛機之前，先在電腦上評估、比較各種設計的飛機性能，即為最佳化的手法。

在天平上來衡量。如果人們支付更高的運費，就能利用這些金錢製造更高效率的機體，也有可能大幅削減燃料的成本。但對於飛機廠商、乘客、航空公司來說，在經濟上的容許範圍到達什麼程度呢？這是個非常複雜的問題。

而思考這個問題的方法，就是對於各種設計的飛機，把它們對環境的影響和應對措施所花費的成本關係做成圖表，找出其中某種設計，可以用相對低的費用獲得相對高的效果。藉此，可以尋找方法，只要花稍微多一點的費

用，就能大幅降低對環境的影響（上表）。

**若要抑制對環境的影響，機體構造必須做更大的改變**

Galileo：思考飛機對環境的影

響時，問題在什麼地方呢？

克魯：我覺得現在航空產業最重大的問題，在於長途運送對環境造成的影響。並不是指飛機排氣量很多的關係，實際上機體的耗油量非常良好。但對某些人來說，飛行了數千公里的距離，比他1整年利用汽車移動的距離還要長。這個問題比較嚴重。

關於二氧化碳等溫室效應氣體，雖然航空產業的排出量在人類總排出量上的占比只有一點點，卻是個值得留意的問題。飛機的排出量，尤其是長途運輸，占人類$CO_2$總排出量的2～4%。或許會覺得這個比例微不足道，但隨著航空產業的發展，排出量應該也會有增無減吧！

而且，飛機是在很高的高空排放，汽車則是在地面排放，這兩種情況對環境的影響並不相同。一想到種種問題，讓我深刻覺得在達到嚴重的程度之前，現在就應該開始好好檢討，思考如何減輕飛機對環境造成的影響。

Galileo：今後，想必會越來越常使用到飛機。那麼，為了減少飛機對環境的影響，應該採取什麼樣的措施呢？

克魯：方法之一，就是採用新的推進系統與燃料，以及減少阻力的新機翼設計等等。各別技術帶來的效果雖然很小，但以飛航整體面來看，就能夠發揮很大的效果。多達數十項的新技術，有望對現今的飛機環境做出貢獻，世界各國正積極地研發中。

第二個方法，是把機體的構造做更大幅度的改變。空中巴士公司和波音公司和其他飛機廠商，正在著手進行各式各樣的設計，包括一些目前尚未普及的設計。回顧客機的發展歷史，現在的機體形狀和30多年前幾乎沒有什麼改變。如果改變機體的構造，或許有更多機會能夠提升環境性能，甚至經濟性也獲益。

## 期待零排氣的電動推進系統

Galileo：未來的飛機燃料和現在可能會不一樣吧？您對這點的看法如何呢？一般認為，由玉米和甘蔗製成的「生質燃料」（Biomass Energy）有望替代現有的燃料，然則兩者之間有什麼不同呢？

克魯：長年以來，飛機一直是使用煤油（參照第25頁）之類的碳氫燃料。生質燃料和碳氫燃料最根本的差異，在於把碳排放到大氣中的機制。

生質燃料所採用的植物，原本就從大氣中攝入$CO_2$，而使用生質燃料的時候，經由燃燒把原料植物攝入的$CO_2$放回大氣中。實際上$CO_2$只是在循環而已。相反地，把長時間埋藏在地底下的碳氫燃料取出來燃燒，再把碳排放到大氣中，會造成地球暖化等災害。這點就是根本上的差異。

Galileo：生質燃料有可能實現商業化嗎？

克魯：我認為生質燃料等替代性燃料在商業上有其可行性。我相當期待，在和目前完全不同的新發動機誕生之前，生質燃料能夠先商業化，取代現在的燃料。

另一方面，我對電動推進系統的可能性也抱持著很大的期待。請想像一下，如果不需要燃料的飛機落實成真，完全不會產生排氣的發動機誕生了，會是什麼樣的情況。

Galileo：應該會大幅改善對環境的影響吧！

克魯：沒錯！不過，還需要利用某種方法把能量儲存起來才行。現在，電動汽車是把能量以電的形式儲存在蓄電池中，氫燃料電池車（hydrogen fuel cell vehicle）則是以氫的形式儲存。我認為儲存的方法有千百種，但如果可以把飛行所需的能量全部儲存在飛機的電池中，就能打造出完全不會排出廢氣的飛機了。

Galileo：您認為這種嶄新的推進系統能夠實現嗎？

克魯：不知道是什麼時候，但未來一定會實現。我認為，能量儲存技術必定會有煥然一新的飛躍進展。

Galileo：您在提倡讓環境負荷減少的「綠能飛機」，那是個什麼樣的概念呢？

克魯：藉由提升發動機的性能，可以把飛機的性能提升到某個程度。發動機性能的提升會有個極限，但不表示飛機性能的提升也

有限度。

　未來，必定會因為燃料費的高漲，促使人們去追求耗油更有效的飛機。如果想要實現這種效率更良好的飛機，則不只發動機，就連機體的構造都必須從根本重新檢討。

　所謂的「綠能飛機」，就是基於這樣思維而誕生的飛機。例如，波音公司的翼身融合飛機（下方插圖）等等。

## 像私家車普及一樣，邁向擁有個人機的時代

**Galileo：您認為，什麼型態的飛機會在未來盛行呢？**
**克魯：**現在我們所看到的飛機絕大多數是客機，也就是我們平常用來空中交通的飛機。這是因為客機本就是用來有效地長途運輸人員。像這樣因應人們的強烈需求，未來應該也不會有所改變。

　但另一方面，也有與人員運輸沒有關係的各樣飛機。這些飛機的構造、設計目的、限制等等各自不同。例如無人機設計成非常小型化又高效率，能以非常低速飛行，或在非常高的高空飛行，滿足不同需求。

　未來，一旦開發出新的技術及設計手法，必定有可能促使研發人員設計出與現有客機迥然不同的機體！
**Galileo：有沒有什麼樣的飛機，雖然目前還不存在，但很想試著製造看看呢？**
**克魯：**如果考慮到比較長遠的未來，除了長途客機之外，我還對兩個領域抱持著很大的期待。其中一個是自律型飛機。從即時影像的拍攝到大氣樣本的採集，凡是與收集地球資料有關的一切作

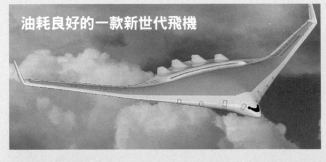

**油耗良好的一款新世代飛機**

左圖是波音公司提案的一款機體設計。採取和現今飛機構造迥然不同的大膽設計。機翼和機身融為一體，藉此實現高效率的空氣流動，從而改善油耗。

波音公司和保時捷公司（Porsche）共同開發的個人用飛機想像圖。將來，人們利用這種「飛天汽車」自由移動的時代或許會來臨。

## 兼顧興趣與研究的「SWIFT」計畫

照片為克魯教授（左起第二人）團隊和他參與設計的「SWIFT」（Swept Wing with Inboard Flap Trim，內側襟翼配平後掠翼）試作機。SWIFT即是在滑翔翼上加裝動翼等裝置，用來控制姿勢，以便提升飛行性能的新世代滑翔翼。克魯教授從少年時代就對滑翔翼深感興趣，他表示：「與其耗神研讀教科書，不如實際搭上機體在天空飛行看看，更能直觀地深切理解飛行的力學。」

業都能執行的自律型飛機，將能為社會帶來很大的貢獻。已經有些企業在設法運用這種飛機的能力，打算用來配送小型貨物等。

**Galileo：**亞馬遜公司等企業開發的「無人機」（第86頁）就是一個例子吧！

**克魯：**我覺得這類用途會在未來的航空產業占更多比例。在這個領域中學生和研究者的創意或許會在技術發展的方向帶來很大的轉變！

我非常關心的另一個領域，是更為私人化的飛機。就算一架飛機可以搭載300人或500人在大都市之間移動，但搭機者還是必須先坐車前往設有機場的都市才行。例如從東京乘坐汽車到成田機場，這段路程所耗費的時間說不定就占去了大半移動時間。如果能製造更多個人用飛機，就不必大老遠前去大型機場，航空運輸的優點將更能大大地發揮。

例如，如果能利用類似私人汽車的個人用飛機，從現在的位置直接移動到目的地，就不再需要花費巨額費用建造通往大型機場的道路或鐵路。運送的自由度也比較高，可以從極小型的機場起飛，或是從類似直升機停機坪的狹窄場地垂直起飛。

雖然這樣也會產生噪音和排氣等新課題，但在未來10年，應該可以從技術上加以克服吧！我覺得未來的航空運輸會變成一個嶄新又充滿趣味的領域。

**Galileo：**個人用飛機的價格有機會降到像汽車一樣的程度嗎？

**克魯：**沒有錯！現在的小型飛機非常昂貴。是因為無論多麼優良的小型飛機廠商，一年也只能製造幾百架而已。只要銷售的架數沒有增加，小型飛機未來也將會繼續維持高檔的價格。但如果能賣到幾十萬架，價格一定會降到很親民的程度。

**Galileo：**萊特兄弟飛行成功至今已經有111年了。現在仍然是以地面移動為中心的「二維世界」，但未來終有一天，會發展成個人也能在空中自由移動的「三維世界」！

**克魯：**飛機的歷史至今只有100年左右而已，其實還算處於初期階段。再過100年，應該會出現全新型態的機體，讓人們能以三維的形式，遠比現在更有效率地利用天空吧！

**Galileo：**此次晤談請教了許多非常有趣的話題。感謝您接受我們的採訪。

# 利用上下2片主翼讓靜音飛航想像成真

新世代超音速客機「MISORA」從東京飛到紐約只需6個小時，而且幾乎不會產生傳統超音速客機巨響般的噪音。本篇將詳細介紹這項利用2片機翼促使夢想成真的超音速飛行技術。

日本東北大學流體科學研究所的大林茂教授，正在帶領團隊開發配備上下2片機翼（複翼）的超音速客機「MISORA」。使用2片機翼把機體夾住，就能夠解決超音速客機以往揮之不去惱人的噪音問題。

當機體的飛行速度超過音速（秒速340公尺）時會產生震波，導致阻力急遽增加（1）。因此以往的超音速客機需要強大的發動機和大量的燃料。而機體越大，飛行速度越快，震波也越強。

此外，空中產生的震波傳達地面時會產生「音爆」，發出兩次轟然巨響。例如，營運至2003年為止的超音速客機「協和號」，當它飛行時，會在航線周邊100公里的範圍製造出有如落雷打在身邊的連續爆炸聲，因此後來受限只能在海面上以超音速飛行。

MISORA在做超音速飛行時也會產生震波。不過，這些震波絕大部分都是在2片機翼內側產生，並且會互相抵消（2）。而且，一般飛機大多把發動機配置在機翼的下方，MISORA改為配置在2片機翼之間，客艙等機身部分則配置在上片機翼。藉由這種以機翼為中心構成機體的「全翼機」，把音爆抑制到以往的25%左右。

MISORA的音爆只有「ko-ko」的敲擊聲程度，噪音帶來的困擾很小，所以在陸地上空也能以超音速飛行。大林教授等人為了實現新世代超音速客機，不僅研究以超音速靜音飛行，還包括如何靜音起降。

協助

大林 茂
日本東北大學流體
科學研究所教授

倉谷尚志
日本東北大學流體
科學研究所研究員
（2008年6月前在職）

佐藤哲也
日本早稻田大學基幹
理工學院教授

**1. 產生震波的機制**

飛機在飛行時會推壓周圍的空氣，此時空氣受到推壓後壓力突然上升，這個高壓部分進一步推壓周圍的空氣，以音速四處擴散。但是，當飛機以超過音速的速度飛行時，機身會追上先前推出的壓力波，使得先後推出的波交互重疊，因而產生「壓力壁」。這個現象稱為「震波」。

右圖計算出1片主翼以1.7馬赫的速度飛行時產生的氣壓變化，再把結果上色。顏色交界處即為震波（從水藍色到綠色、從藍色到水藍色的部分）。這兩個震波在地面產生音爆。

單片機翼

震波

震波

氣流

## 超音速複翼客機 MISORA

| | |
|---|---|
| 巡航速度 | 1.7馬赫（時速約2000公里） |
| 巡航高度 | 約15公里 |
| 兩翼寬度（翼展） | 約80公尺 |
| 長度 | 約20公尺 |
| 乘員數 | 預定100名左右 |
| 地面噪音等級 | 約65分貝 |
| | （相當於安靜行駛的汽車內） |

### 襟翼
部分機翼彎曲，以便改變氣流的裝置。MISORA從機場起飛，在到達1.7馬赫之前，機翼會承受強大的空氣阻力，稱為阻塞現象（choked condition）。因此，研議採取移動襟翼以減小空氣阻力的方法。此外，也於起降時用來控制空氣的流動。

### 翼尖小翼
翼尖小翼為固定上下主翼兩端的板子。以超音速飛行時，2片主翼之間會產生震波，令氣壓升高。為了防止兩主翼的間隔遭壓力撐開，必須固定住。

### 客艙
單翼超音速客機的機體越大，則產生的「音爆」越大。因此，能夠實際運用的單翼機機體是乘員最多10名左右的商務噴射機。但是MISORA的客艙比較寬廣，能夠運送100名左右的乘客。

尾翼

### 高溫複合材料
機翼尖端受到空氣摩擦和在翼間抵銷的震波所影響，溫度甚至會上升到100℃。因此，採用以耐熱塑膠固定「碳纖」這種強力纖維所製成的材料來打造機身。

襟翼

### 發動機
MISORA配載的發動機為中央2具、左右各1具，共4具。實驗機預定配載JAXA目前正在開發的超音速飛機用發動機「S-engine」。
（資料提供：JAXA）

## 2. 用2片主翼消除震波的機制
**a.**為2片主翼以1.7馬赫的速度飛行時產生的氣壓變化結果。等腰三角形機翼逐漸合攏，使震波只會在兩片機翼間產生而互相抵消。MISORA的機翼也具有兩個等腰三角形逐漸合攏的構造（**b.**）。機翼的外翼面平坦，內翼面加厚，能夠把超音速飛行時產生的音爆抑制到原本的25%左右。

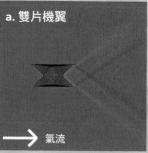

a. 雙片機翼

→ 氣流

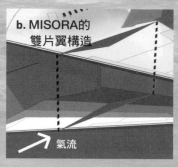

b. MISORA的雙片翼構造

→ 氣流

**無人機**

# 能從空中自由
# 拍攝景物！

**無** 人駕駛航空載具的機種五花八門，本文
所介紹的「無人機」，是指配備 3 具以上
的螺旋槳，且利用無線方式搖控操作的多軸飛
行器。無人機目前正處於蓬勃開發的時期，研
議中的運用領域相當多元，包括災
區調查、無人配送等等。其
中，專為空中攝影而設計的
空拍機，已經開始廣泛運用
於專業到業餘的各個層面。

**協助** 日本大疆（DJI JAPAN）股份有限公司／Sekido股份有限公司

## 拍攝影像不會晃動的機制（1～3）
大疆公司的「Phantom 4 Pro」無人機在飛行
時，藉用 4 具螺旋槳提供推進力（1），利用
GPS、視覺感測器、電子羅盤測量機體的位置，
同時使用多個感測器自動控制飛行中的姿勢
（2）。飛行中，持續地保持攝影機的角度水平，
並且抑制攝影機的振動（3）。利用這些機制得以
拍攝到穩定而沒有晃動的影像，效果就如有人駕
駛直升機進行空拍一般。

### Phantom 4 Pro
大小：對角線長35公分（螺旋槳除外）
　　　高度約19公分
重量：1388公克（含電池、螺旋槳）
飛行時間：約30分鐘
電池：5870毫安培小時 鋰離子聚合物電池
最高速度：時速72公里
滯空懸停精度：垂直方向±0.1公尺，水平方向±0.3公尺
攝影機畫素：2000萬畫素
障礙物感測器：偵測距離 0.7～30公尺
期望零售價格：204000日圓（含稅，無監視螢幕※）
　　　　　　　239000日圓（含稅，附專用監視螢幕）

## 1. 調節 4 片機翼的旋轉而自在翱翔
大疆公司的Phantom 4 Pro無人機藉著可獨立調節 4 具
螺旋槳的旋轉數，進行上下左右前後的移動，以及在原
地變換方向（詳見第88～89頁解說）。可以利用發訊機
控制飛行，也可以按預先指定的飛行路線自動飛行。

螺旋槳

馬達

電池

## 2. 推定機體位置並穩定保持姿勢
利用GPS衛星、視覺感測器和電子羅盤判斷本身的三維位
置。首先，使用機體上部的GPS偵測單元和下部的視覺定位
感測器（vision positioning sensor）測量目前的位置。接
著，使用電子羅盤判斷機體正面朝向的方位。
　此外，飛行中也使用 3 軸陀螺儀感測器（gyro sensor）
和3軸加速度感測器以偵測姿勢的變化，進行自動控制以保
持飛行姿勢的穩定。如果發生強風吹颺導致高度產生變化
時，也能使用氣壓計偵測氣壓的變化，保持高度的穩定。

## 3. 飛行中攝影機的方向始終維持固定
無人機的重量很輕，適合裝配電池，但也因此容易受到風及
馬達的影響，產生振動。
　Phantom 4 Pro使用3軸陀螺儀感測器偵測機體的姿勢變
化，以三維方式驅動連結著攝影機的機械臂（三軸穩定器，
gimbal），使攝影機始終能夠單獨保持水平。此外，驅動螺旋
槳的馬達會產生振動，所以在機體本身和攝影機之間嵌入橡
膠緩衝彈簧，以便抑制馬達傳來的振動。

GPS偵測單元／電子羅盤／陀螺儀感測器

**飛行控制器**
全權負責各事項：根據
GPS和電子羅盤推定目前
位置、控制螺旋槳、根據
陀螺儀的資訊控制攝影機
的角度等等。對於緊急狀
況也能採行適當的因應措
施，例如電力不足或發
訊機脫出範圍時會自動
返航。

PHANTOM

**LED飛行指示燈**
飛到遠處的無人機，肉眼看去變
得非常小。在機頭兩側的機械臂
上裝設紅燈，在機尾兩側的機械
臂上裝設綠燈，藉由色光位置辨
識機體的朝向。此外，當發生電
力不足等問題時，機尾燈的色光
會有變化。

**障礙物感測器**
偵測到機體前方有障礙物
的時候，能控制機體的行
動，避免撞擊。由於使用
立體攝影機，能夠測量機
體到障礙物的距離，機尾
裝設有相同的感測器。機
體側面也裝設有藉助紅外
線的障礙物感測器。

**橡膠緩衝彈簧**
懸吊攝影機和機械臂之
處加裝有橡膠彈簧，使
驅動螺旋槳的馬達振動
不會傳過來。

**攝影機**
能拍攝4K影像。

**三軸穩定器**
具有 3 個關節的機械臂。根據陀
螺儀的資訊，即使機體傾斜，也
能控制攝影機的角度始終保持對
地面平行。

**視覺定位感測器**
使用超音波感測器測量機體與地面的距
離，並使用攝影機辨識地面的模樣，藉
此持續確認機體的位置是否由於風吹等
因素偏移。即使在無法利用GPS的室內
等處，也能使機體穩定地飛行。

# 「鳥瞰」所實現的各種可能性

**如**果能夠像鳥一樣自由自在地飛行，會看到什麼樣的景象呢？近年來，配載攝影機的無人機（空拍機）之開發蓬勃興盛，出現了許多遠比以往更容易操控的機種。使用這一些無人機，可以從瀑布上空貼近至瀑布底的深潭，或是繞行高塔一圈，或俯視市區等等，進行鳥瞰的影像拍攝。不少廠商展示了許多充滿魅力的影像樣本。（日本大疆股份有限公司的首頁http://www.dji.com/ja）

無人機的用途，並非單純為了享受以鳥的視點欣賞風景。例如，2016年日本發生熊本地震之際，在載人直升機無法接近的狀況下，就派遣了災害用的特殊無人機確認受災的狀況。除此之外，諸如為了檢查大樓外牆而定期沿著預設路線巡迴攝影，或是從上空拍攝足球的練習賽以便研究戰術等等，「鳥瞰」可以發揮功用的場合非常多。還可使用無人機從事貨物配送等等，受期待的運用範圍非常廣泛。

## 絕對不可過度傾斜！無人機的飛行機制

近年來，市面上出現了許多無人機都具備的機能，亦即可利用感測器自動控制姿勢，連初學者也能輕易上手。即便如此，如果想很快在戶外操控無人機，就會像駕駛技術不純熟就開車出門一樣危險。無人機可能會朝完全沒有預料到的方向飛去，傷及人們或物品。想要安全無虞地操縱無人機，必須先理解各機種的飛行操控方法，並勤加練習，然後確認拍攝地點是否為適合飛行的區域、天氣條件如何等等。此外，遵守航空法也非常重要。

現在以Phantom 4 Pro為例，說明無人機的基本飛行機制。Phantom 4 Pro藉改變各具螺旋槳的旋轉數，做出上下、前後、左右移動以及原地變換方向的飛行動態。例如，以發訊機指示無人機往右前進時，只需增加機體左側兩具螺旋槳的旋轉數（2）。這麼一來，左側螺旋槳所帶動的風量

### 能夠利用發訊機操縱

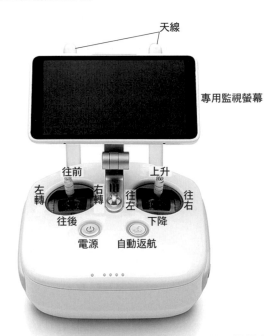

天線

專用監視螢幕

往前　　　上升
左轉　右轉　往左　往右
往後　　下降
電源　自動返航

Phantom 4 Pro拍攝的影像利用電波傳送到發訊機。操縱者可以利用發訊機附設的專用監視螢幕，即時觀看攝影機傳來的影像。也可以透過監視螢幕確認機體資訊及電池殘餘電量，或變更機體設定等等。

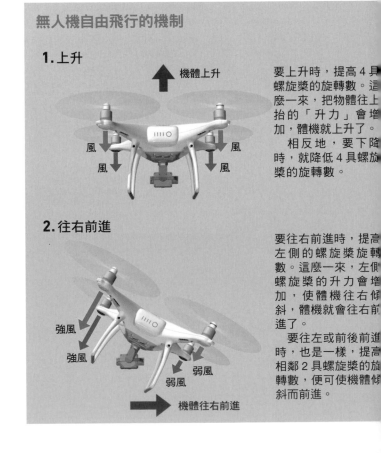

**無人機自由飛行的機制**

**1. 上升**

機體上升

風　風　風　風

要上升時，提高4具螺旋槳的旋轉數。這麼一來，把物體往上抬的「升力」會增加，體機就上升了。
相反地，要下降時，就降低4具螺旋槳的旋轉數。

**2. 往右前進**

強風
強風
弱風
弱風

機體往右前進

要往右前進時，提高左側的螺旋槳旋轉數。這麼一來，左側螺旋槳的升力會增加，使體機往右傾斜，體機就會往右前進了。
要往左或前後前進時，也是一樣，提高相鄰2具螺旋槳的旋轉數，便可使機體傾斜而前進。

便會增強，使機體傾斜。由於4具螺旋槳帶動的風都是朝左下方噴出，所以機體就往右前進了。

無人機藉由增減部分螺旋槳帶動的風量，可前後左右移動，但原則上，是利用螺旋槳持續帶風朝下方送出而飛行。如果受到強風吹襲而導致機體過度傾斜，就會變成只有橫向送風而墜落。因此，無人機絕對不可以在颱強風的日子出外飛行。

## 能夠接收到GPS衛星訊號的開闊場地最合適

在高樓大廈林立的地區，GPS衛星傳來的電波訊號會遭到遮蔽，不容易推定機體的位置。發訊機和機體之間的通訊可能會被大樓擋住，或在高層建築周邊也有可能受到特有

強風吹颳而造成機體大幅傾斜。在無人機飛行的時候，原則上應該選擇視野良好的開闊場地。

## 高級機種可實現更高階的攝影及飛行

本文是以日本大疆公司的Phantom 4 Pro為例，說明無人機的主要機能。不過雖然統稱為無人機，但其實不同的機種，會因應不同用途而運用各式各樣的技術。

最近許多無人機還搭配有輔助攝影的便利功能，例如利用攝影機辨識待攝物體而自動追蹤，或是自動在設定地點周圍環繞進行拍攝等等。甚至還有只靠手的動作（手勢）就能操作無人機進行自拍的功能。

從事專業攝影的高級機種當中，也有「往前飛行但攝影機

朝右方拍攝」之類能夠分別控制機體和攝影機的款式。另一方面，由於Phantom 4 Pro無法左右移動攝影機，所以機體必須正面朝向想要拍攝的對象。此外，也出現了同時裝設變焦、紅外線攝影機等多架攝影機以進行拍攝，或增設提升機體位置修正精度的模組，或機體本身具有防水性能等等的機種。越是高級的大型機體，越能搭載沉重的高功能攝影機，飛行能力也越提高。

無人機的進步可謂日新月異。我們殷切期待，未來的無人機能從更多未看過的角度拍出影像。　　　🪐

**3.原地逆時針旋轉**

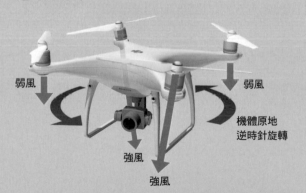

弱風　　弱風

機體原地
逆時針旋轉

強風

強風

※風和螺旋槳的傾斜程度
稍有誇張

無人機將順時針及逆時針旋轉的螺旋槳做交叉配置。在一般情況下，當兩螺旋槳分別順、逆時針旋轉，兩者動力會互相抵銷取得平衡，機體不會打轉。

要在原地逆時針旋轉的時候，如上圖所示，提高左前側和右後側螺旋槳的逆時針旋轉數，則逆時針旋轉的動力會增強，使機體做逆時針方向旋轉。

相反地，要在原地順時針旋轉，則提高順時針旋轉之螺旋槳的旋轉數，便可使機體順時針方向旋轉。

### 操縱無人機飛行時的注意事項

台灣的民用航空法針對無人機有相關規定，其他細項以航空法實際頒布的內容為準。（https://www.caa.gov.tw/）

**第九十九條之十四 從事遙控無人機飛航活動應遵守下列規定：**

一、遙控無人機飛航活動之實際高度不得逾距地面或水面四百呎。

二、不得以遙控無人機投擲或噴灑任何物件。

三、不得裝載依第四十三條第三項公告之危險物品。

四、依第九十九條之十七所定規則之操作限制。

五、不得於人群聚集或室外集會遊行上空活動。

六、不得於日落後至日出前之時間飛航。

七、在目視範圍內操作，不得以除矯正鏡片外之任何工具延伸飛航作業距離。

八、操作人不得在同一時間控制二架以上遙控無人機。

九、操作人應隨時監視遙控無人機之飛航及其周遭狀況。

十、應防止遙控無人機與其他航空器、建築物或障礙物接近或碰撞。

# 日本的飛機開發現況

**截**至目前為止，日本在國產噴射機的開發上並沒有蓬勃發展。這是因為第二次世界大戰結束後，聯合國禁止日本製造飛機所致。但這幾年來，日本也在進行國產噴射客機和商務噴射機的開發，而且，對近期投入航運的波音787，於設計與製造上亦貢獻良多。在第3章，將介紹日本在飛機開發上的現況。

協助　淺井圭介／ANA全日本空輸股份有限公司／三菱航空機股份有限公司／
本田技研工業股份有限公司／本田飛機公司

# 徹底解析
# 新世代飛機

## 從飛機的飛行機制到最新技術
## 介紹連結全球都市的波音787

2011年11月開始投入定期航班服務的波音787，處處運用了最新的技術。例如，50％的機體使用「碳纖複合材料」（CFRP）、利用自動操縱系統減少晃動而達到更平順的飛行等等。為什麼飛機能在天空飛翔呢？駕駛艙是什麼模樣呢？最新機種搭配了哪些最尖端的技術呢？且讓我們逐一探個究竟！

協助 ┃ **淺井圭介**
日本東北大學大學院工學研究科航空宇宙工學專科教授

**ANA**
全日本空輸股份有限公司

**波音787（夢幻客機）**
2019年4月，波音787系列最新、最大型的機種「787-10」終於在日本首航投入航運服務（上圖）。以往的飛機在飛行時主翼也會翹曲，但波音787的主翼使用碳纖複合材料，所以翹曲程度更大。

獲得稱號「夢幻客機」（Dreamliner）的波音787，於2011年11月1日在日本領先全球投入國內航線的航運服務。ANA從波音787的開發階段就參與其中，而且包含主翼在內有約35％的機體是由日本廠商承製。是波音公司第一次把主翼的製造工程委託給其他廠商。日本對這架飛機貢獻良多，因此有人形容波音787是準日本國產的飛機。

波音787的機體有50％使用CFRP。而且，各個系統的動力有一部分從壓縮空氣改為電力等等，採用了許多以往飛機所

## 施加於飛機的4種力

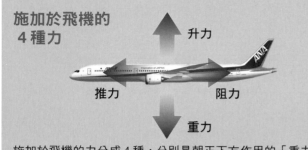

升力

推力　　　阻力

重力

施加於飛機的力分成4種，分別是朝正下方作用的「重力」、朝正上方將飛機抬起的「升力」、阻礙前進的「阻力」，以及對抗阻力令機體前進的「推力」。保持這4種力的平衡，才能控制飛行。升力由機翼產生，推力由發動機產生。

## 飛機為什麼會飛？

### 1 機翼上下兩翼面產生壓力差

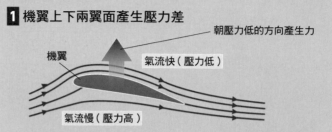

朝壓力低的方向產生力

機翼

氣流快（壓力低）

氣流慢（壓力高）

思考空氣（流體）的流動，即可明白飛機承受著來自空氣的力。飛機機翼上翼面的空氣流動比較快，下翼面的空氣流動比較慢。流速快則壓力低（根據白努利定律），所以由此壓力差而產生向上的力。

### 2 朝流速較快的方向產生力

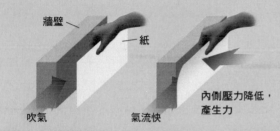

牆壁

紙

內側壓力降低，產生力

吹氣　　　氣流快

可藉由實驗體驗一下由氣流產生的力。拿張紙貼近牆壁，往紙和壁面之間的縫隙用力吹氣。這麼一來，可以看到紙被壓向壁面。這是因為內側的空氣流動比較快，所以產生了朝內側作用的力。

### 3 為什麼機翼上翼面的氣流會變快？

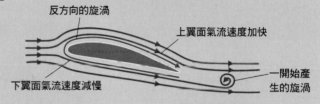

反方向的旋渦

上翼面氣流速度加快

下翼面氣流速度減慢

一開始產生的旋渦

就像湯匙攪動杯裡的液體會產生「旋渦」（旋轉擾動）一樣，機翼相對於空氣移動，機翼後方也會產生旋渦。有如想要將初始所產生的旋渦抵銷似地，機翼周圍會產生反向旋轉的旋渦。影響所及，機翼上翼面氣流速度會加快，下翼面氣流速度會減慢。

---

沒有的嶄新技術。

另一個顯著特徵，就是油耗非常出色，比以往的飛機改善20％之多。由於燃料的消耗量比較少，雖然是中型機，但最遠航程能達到1萬5000公里（續航距離），相當於從日本飛到墨西哥市，中途不須停靠加油。將來，旅客不必再經由大型機場轉機，可以搭乘直飛班機前往海外都市的小型機場。省去了轉機的時間和心力，對於乘客來說是個很大的優點。

## 飛機為什麼能飛起來？

那麼，究竟為什麼飛機能飛上天空呢？

飛機藉由機翼產生「升力」得以浮在空中飛翔（詳見上圖解說）。當機翼相對於氣流傾斜一個角度（稱為「攻角」）時，根據「白努利定律」，機翼上翼面的氣流速度比較快（壓力低），下翼面的氣流速度比較慢（壓力高），所以會產生由下朝上的作用力，使飛機向上浮起。

為了取得升力，很重要的一點是必須使機翼相對於氣流傾斜一個角度（攻角）。例如，當觀看航空展中的飛行特技表演時，在空中翻跟斗的飛機也必須控制姿勢，使機翼保持相對於空氣朝上的角度，才能藉此產生升力而繼續飛行，不至於墜落。

機翼截面為什麼要做成特殊的形狀呢？鑽研航空工學的日本東北大學淺井圭介教授表示：「這個形狀具有提高升力、減少空氣阻力的作用。利用風洞實驗（以人工方式製造氣流，再探究氣流產生影響的實驗）及電腦模擬等方式，就各種形狀進行測試，評估效果比較好的，以便設計出最合適的形狀。」

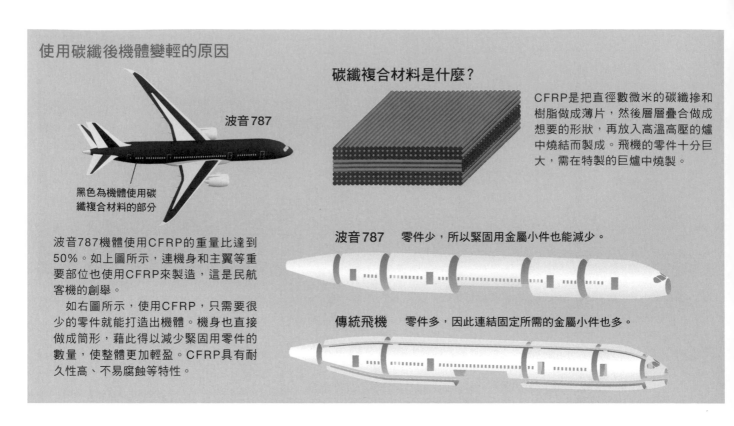

**使用碳纖後機體變輕的原因**

波音787

黑色為機體使用碳纖複合材料的部分

波音787機體使用CFRP的重量比達到50%。如上圖所示，連機身和主翼等重要部位也使用CFRP來製造，這是民航客機的創舉。

如右圖所示，使用CFRP，只需要很少的零件就能打造出機體。機身也直接做成筒形，藉此得以減少緊固用零件的數量，使整體更加輕盈。CFRP具有耐久性高、不易腐蝕等特性。

**碳纖複合材料是什麼？**

CFRP是把直徑數微米的碳纖摻和樹脂做成薄片，然後層層疊合做成想要的形狀，再放入高溫高壓的爐中燒結而製成。飛機的零件十分巨大，需在特製的巨爐中燒製。

波音787　零件少，所以緊固用金屬小件也能減少。

傳統飛機　零件多，因此連結固定所需的金屬小件也多。

## 不易腐蝕的高耐久性材料

飛機是由什麼材料製造而成的呢？以往飛機大都採用鋁為主要的製造材料。例如，波音767（與波音787同為中型機）有大約80%的機體使用鋁材，新型的波音787則有大約50%使用CFRP。鋁材的比例只占整體的20%左右。

CFRP是把直徑數微米（1微是100萬分之1）的碳纖（carbon fiber）摻和「黏著劑」做成薄片，再把薄片疊合在一起塑造出想要的形狀，經加熱、加壓使其固化而製成的材料。以前，CFRP只用在部分尾翼等處，波音787是第一架把CFRP用在主翼及機身等處構造（一次構造）的民航客機。

CFRP的優點在於能夠減輕機體重量，不容易腐蝕，且耐久性

高等等。能夠減輕機體的重量，是因CFRP本身即為非常輕盈的材料嗎？ANA的小林宏至先生對機體構造瞭若指掌，對此疑問解釋說：「材料本身輕盈固然是一個原因，但除此之外，能做到一體成形，減少大量的螺絲等金屬小件，也是輕量化的一個重要因素！」使用CFRP能夠把機身做成筒形，比起由許多塊板子組合而成的傳統機體，能夠減少許多螺絲之類的緊固用金屬小件。實際上，削減了80%的緊固用金屬小件。大量運用CFRP，對於耗油量的改善也有很大的貢獻。

## 造成耳鳴情形會變少！?

CFRP具有不容易腐蝕、耐久性高的性質，有助於改善客艙內的環境狀況。如果溼度太高，會加速機體材料的腐蝕，所以客艙內的溼度只能維持在百分之幾。但因為不必擔心腐蝕的問題，波

音787的空調系統增添了加溼器的機能，把溼度提高到百分之十幾。在長時間的飛行中，可以減少喉嚨乾渴、皮膚乾燥等問題。

另一個改善之處是客艙內的氣壓。通常，氣壓會隨著高度的上升而逐漸降低。為了使客艙內保持舒適，以往是調整到相當於8000英尺（約2400公尺）高度的氣壓，也就是約0.75大氣壓。但波音787可調整到相當於6000英尺（約1800公尺）高度的氣壓，也就是約0.8大氣壓。如果提高機內的氣壓，則機艙內的高氣壓與艙外的低氣壓之間差異會變大，使得機體承受更大壓力。因波音787的機身使用強度更高的CFRP，才使提高氣壓得以實現。在起飛和降落時，氣壓變化常導致耳朵發痛或產生耳鳴的問題，也藉此得以舒緩。

## 飛機主翼較以往撓曲

## 飛機使用的「渦輪扇發動機」構造圖

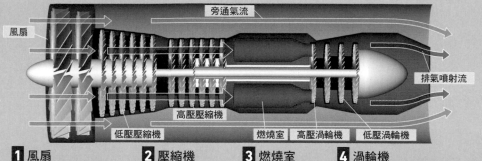

風扇

旁通氣流

排氣噴射流

低壓壓縮機　　高壓壓縮機　　燃燒室　高壓渦輪機　低壓渦輪機

風扇吸入的空氣分成兩路。中心附近的空氣通過壓縮機、燃燒室、渦輪機之後，往後方噴出而產生推進力。其餘通過風扇的空氣，有如要把這股氣流包裹起來似地從周圍流過（旁通氣流）。大量的旁通氣流流過高速排出的噴射氣流四周，能夠更有效率地獲得推進力。

**1 風扇**
利用風扇吸入空氣。其中一部分進入壓縮機，其餘大部分穿過周圍的旁通道。

**2 壓縮機**
壓縮機分成好幾個階段，每通過一個階段，壓力就更高。

**3 燃燒室**
把燃料噴入高壓空氣中，混合後再燃燒，產生高溫高壓氣體。

**4 渦輪機**
藉由噴出高溫高壓氣體轉動渦輪機。這個渦輪機的旋轉會帶動風扇及壓縮機。穿過的噴射流會產生推力。

動翼　　靜翼

如左邊的模型圖所示，壓縮機是由會旋轉的動翼和固定不動的靜翼交錯組合而成。空氣經動翼加速後推壓靜翼，提高了空氣的壓力。這樣的組合分成好幾個階段，每通過一個階段，空氣的壓力就提高一些。這個壓縮的比例越高，發動機的效率就越好。

前面列舉了很多CFRP的優點，難道CFRP就沒有缺點嗎？例如，使用CFRP製造的主翼非常翹曲，最大翹曲可達到2公尺左右的高度，仔細觀察飛行時的姿勢即可明白。乍看之下，還以為主翼彎折了。

淺井教授指出，「在設計主翼的形狀時，當然會把飛行時產生的撓曲也納入考量，所以不會有問題。一直以來，尾翼的某些部分都有使用CFRP，我們是逐步地導入到機體。可說是慎重地累積相當豐富的經驗。」

此外也有人質疑，和金屬比起來，CFRP有所損傷時表面上不會顯現，維修上會比較困難。ANA的小林先生表示：「雖然維修方法有所改變，但並沒有因此比較複雜。反而因耐久性比較高，減輕了維修的負擔。」

對於雷擊的應對措施也有所不同。當機體遭到雷擊時，必須將其電流安全釋放到機外。然CFRP不容易導電，須於機體表面連上易於導電的材料，便能減少雷擊帶來的危險。

## 發動機的效率也大幅提升

波音787的發動機也改善得更有效率，對於耗油量的減低效果極為顯著。這樣的發動機會是怎樣的構造呢？

中型及大型飛機多半使用「渦輪扇發動機」型的噴射發動機。一般的噴射發動機，是將壓縮的空氣和燃料混合一起燃燒，再利用噴氣之力產生推力。而渦輪扇發動機為了更有效獲得推力，除了將流經中央的燃燒氣體混合燃料產生噴流之外，又轉動風扇，在其周圍製造比較慢的大量氣流，稱之為「旁通氣流」（詳見上圖）。

淺井教授說：「噴射速度太快的話，能量會浪費掉，導致效率變差。如果把大量空氣以比較低的速度噴出，就可以更有效獲得推力。」周圍氣流量對中央氣流量的比例稱為「旁通比」。這個值越大（流過周圍的氣流量越多），則效率越高。

第一架波音787配載的發動機，由勞斯萊斯公司（Rolls-Royce）所造，他們在2007年投入航運的「特倫特900」發動機，旁通比為10.0～11.0，有飛躍的進展。

波音787除了這個旁通比之外，也加以改良風扇形狀及燃燒室材料，使得發動機本身的燃料效率也提升了。藉由這些技術，波音787整體的耗油量比傳統機種改善達20%之多。

在下一頁，將更詳細地介紹波音787的構造。

## 最新機種波音 787 的機制

　　飛機上運用了各式各樣的技術。飛機藉著驅動主翼和尾翼的「操縱面」而展開飛行。例如，在起飛時，降下主翼後端的「襟翼」，可以獲得更大的浮力。淺井教授提醒道：「如果沒有襟翼，起飛時將無法獲得足以抬起飛機的升力！」可見這個組件是多麼重要。

　　此外，機體上也配備了各種感測器，以便獲取飛行時所需的高度、速度等資訊。此處便以波音787為例，包括操縱面及感測器等飛機構造也一併介紹。

### 787-10的基本資料

長度：68.3 公尺
高度：17.0 公尺
翼展：60.1 公尺
客座數：294 席
巡航速度：910 公里/小時
續航距離：1 萬 1600 公里
最大運用高度：1 萬 2500 公尺
最大起飛重量：242.7 公噸
發動機型號：Trent 1000　2具
發動機推力：3 萬 3480 公斤 × 2具
搭載燃料量：126 千公升

主翼截面　　降下襟翼可增加升力
襟翼

**襟翼**
用來獲取更大的升力。升力隨速度平方成正比增加。因此，在起降等速度較慢時，會把襟翼降下以提高升力。

主翼截面　　豎起側的升力會減少
擾流板

**擾流板**
板子豎起來，會增加阻力，具有煞車的作用。而且，因為豎起側的機翼升力會減少，所以在轉彎時，和使機體左右傾斜的「副翼」作用相同。

**縫翼**
和襟翼一樣具有增加升力的功能。向前伸出與主翼之間形成小小的縫隙。如此可讓下翼面的空氣經由縫隙流到上翼面，使主翼周圍的氣流更為順暢，從而獲得更大的升力。

**發動機艙脊**
發動機艙外側的脊狀突起物。在起降時產生旋渦，對迎向主翼的空氣而言，具有提供能量的作用。藉此可提高主翼的升力。

**雨刷**
以往為水平式，現在改為垂直式。沖洗液改從基部的斜上方噴出，遭到昆蟲撞擊等可使用。

以往為 6 片窗戶，現在改為 4 片大窗戶，機師視野更寬闊。

**機師用緊急逃生口**
波音787的駕駛艙窗戶不能打開，緊急時從這個逃生口脫逃，使用逃生索垂降至地面。

**防撞燈**

**靜壓埠**
測量大氣壓（靜壓）

**AOA（攻角）感測器**
從小箭羽的動態，測量飛行中飛機與氣流之間的角度。

**TAT 感測器**
測量機外氣溫。

**皮托管**
空氣的壓力分為靜壓（大氣壓）和動壓（氣流承受之力）。皮托管測量這些壓力相加之和（總壓）。根據動壓得知飛行速度（相對於大氣速度）。

機鼻部分使用玻璃纖維複合材料製成，讓安裝於內的雷達之電波能夠穿透。呈線條狀，其中含有用於避雷的導電性材料。

把出口做成波浪狀，可以將發動機排出噴射流所產生的噪音降低。稱為雪佛龍噴嘴（chevron nozzle）。

JA900A

Inspiration of JAPAN

ANA

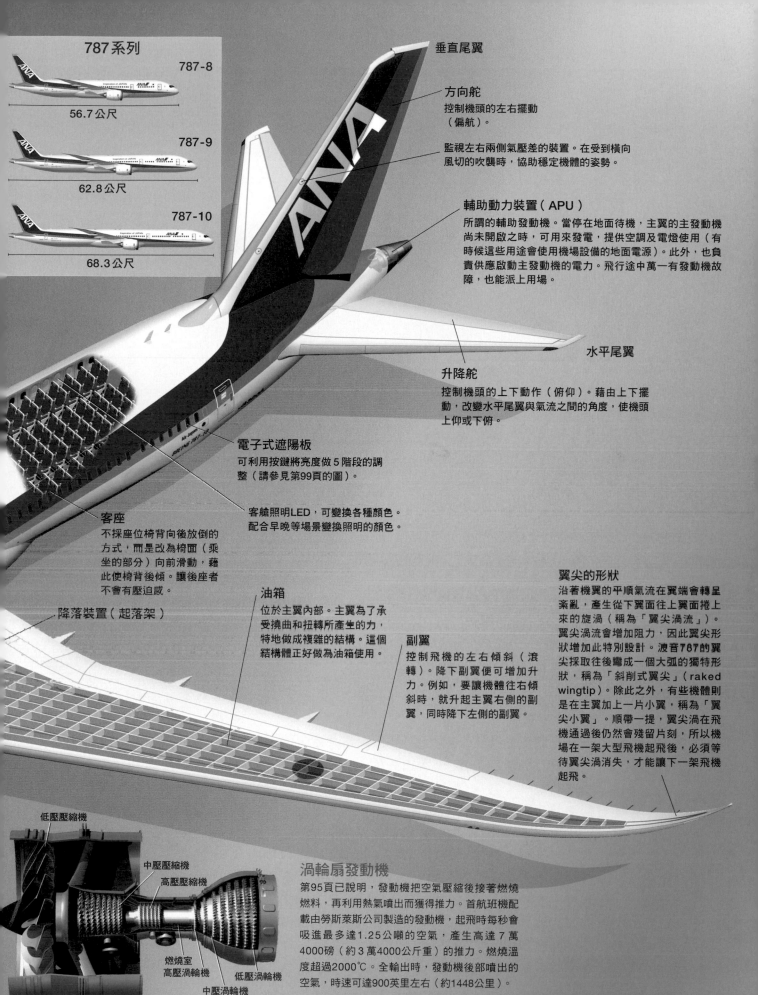

### 787系列

**787-8**
56.7公尺

**787-9**
62.8公尺

**787-10**
68.3公尺

**垂直尾翼**

**方向舵**
控制機頭的左右擺動（偏航）。

監視左右兩側氣壓差的裝置。在受到橫向風切的吹襲時，協助穩定機體的姿勢。

**輔助動力裝置（APU）**
所謂的輔助發動機。當停在地面待機，主翼的主發動機尚未開啟之時，可用來發電，提供空調及電燈使用（有時候這些用途會使用機場設備的地面電源）。此外，也負責供應啟動主發動機的電力。飛行途中萬一有發動機故障，也能派上用場。

**水平尾翼**

**升降舵**
控制機頭的上下動作（俯仰）。藉由上下擺動，改變水平尾翼與氣流之間的角度，使機頭上仰或下俯。

**電子式遮陽板**
可利用按鍵將亮度做5階段的調整（請參見第99頁的圖）。

客艙照明LED，可變換各種顏色。配合早晚等場景變換照明的顏色。

**客座**
不採座位椅背向後放倒的方式，而是改為椅面（乘坐的部分）向前滑動，藉此使椅背後傾。讓後座者不會有壓迫感。

**降落裝置（起落架）**

**油箱**
位於主翼內部。主翼為了承受撓曲和扭轉所產生的力，特地做成複雜的結構。這個結構體正好做為油箱使用。

**副翼**
控制飛機的左右傾斜（滾轉）。降下副翼便可增加升力。例如，要讓機體往右傾斜時，就升起主翼右側的副翼，同時降下左側的副翼。

**翼尖的形狀**
沿著機翼的平順氣流在翼端會轉呈紊亂，產生從下翼面往上翼面捲上來的旋渦（稱為「翼尖渦流」）。翼尖渦流會增加阻力，因此翼尖形狀增加此特別設計。波音787的翼尖採取往後彎成一個大弧的獨特形狀，稱為「斜削式翼尖」（raked wingtip）。除此之外，有些機體則是在主翼加上一片小翼，稱為「翼尖小翼」。順帶一提，翼尖渦在飛機通過後仍然會殘留片刻，所以機場在一架大型飛機起飛後，必須等待翼尖渦消失，才能讓下一架飛機起飛。

**低壓壓縮機**

**中壓壓縮機**
**高壓壓縮機**

**燃燒室**
**高壓渦輪機**
**低壓渦輪機**
**中壓渦輪機**

**渦輪扇發動機**
第95頁已說明，發動機把空氣壓縮後接著燃燒燃料，再利用熱氣噴出而獲得推力。首航班機配載由勞斯萊斯公司製造的發動機，起飛時每秒會吸進最多達1.25公噸的空氣，產生高達7萬4000磅（約3萬4000公斤重）的推力。燃燒溫度超過2000℃。全輸出時，發動機後部噴出的空氣，時速可達900英里左右（約1448公里）。

駕駛艙

波音787的駕駛艙。兩側座位設置的抬頭顯示器（相片中黃色箭頭所指），為波音787首創。中間的5部顯示器可以各自切換，萬一有1部故障不能使用，可以用其他幾部代替。把操縱桿（座位正面的駕駛盤）往前後推拉，可以控制機頭的上下（擺動水平尾翼的升降舵）；往左右轉動，可以控制機體的傾斜（轉彎時的動作，驅動主翼的副翼等裝置）。利用腳下的踏板控制機頭的左右（擺動垂直尾翼的方向舵）。相片所示為2011年9月28日到達羽田機場的首航班機。

　　前面的內容主要是說明構造，接著來介紹系統。「波音787在哪些地方做了很大的改變呢？」ANA的多田正彥先生十分熟悉系統，對於這樣的疑問，他說：「例如它不會從發動機取出其他系統所需的高壓空氣！」以前，為防止主翼結冰或驅動空調等各種系統，會從發動機取出高溫高壓空氣來使用。

　　波音787的這些系統幾乎不使用高壓空氣，而是改用電力來操作，這是一項相當巨大的轉變。它的優點是不再需要從發動機取出高壓空氣，因為這樣會降低發動機的效率。發電雖然還是利用發動機的旋轉來進行，但不會像取出高壓空氣那樣降低效率。

## 雙重、三重的安全對策

　　除此之外，網路系統也做了改良。多田先生說道：「以往各個系統有自己的電腦。但是波音787則大幅集中於大型電腦，再利用軟體管理各個系統。」軟體的數量超過1000個。把系統集中在一起，萬一損壞的話，會不會發生致命的危險呢？多田先生表示；「重要的系統都有做雙重甚至三重的備援。電腦本身也一樣，這一點大可放心。」

## 即使遭遇亂流也不易搖晃

　　基本上，現在大多數飛機（客機）一飛到天空就採用自動駕駛的模式，依照設定的路線自動飛行。波音787為了達到油耗效益好且穩定的飛行，會使用電腦計算出最合適的機翼動作，進行比以往更精細的自動控制。在ANA擔任波音787機師的山戶文希先生說：「在駕駛時，如果不看特定的畫面，就不會知道機翼的細部動作。」

　　難道不擔心電腦可能會採取不適當的行動嗎？同樣擔任波音

新的顯示螢幕 在此介紹波音787特有的顯示器。

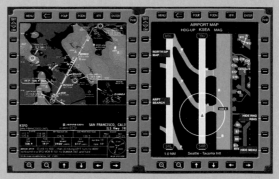

5部顯示器其中1部。駕駛艙（左頁相片）中央右側的顯示器放大圖。畫面下方三分之一顯示的是飛機飛行高度的資訊。波音787是第一架顯示這種垂直方向資訊的飛機。

抬頭顯示器。不必垂下視線就能讀取資訊的透明顯示器。可以選取飛行高度等必要的資訊顯示出來。機師只要從所坐的位置就能看見顯示的內容。左頁的相片中無法看到畫面。上方相片是從機師位置拍攝的。

設置於機師旁邊（外側）的終端機。能夠利用觸控式面板進行操作。可看到螢幕上顯示飛行路線圖、機場資訊等等。以往要翻閱一本厚厚的小冊子，現在能夠利用終端機自由檢索。也可和地面互通訊息，輕鬆地更新最近的資訊。

電子式遮陽板

相片顯示從機內拍攝波音787客艙窗戶的情景。左側相片是比較電子式遮陽板最亮和最暗時的差異。可以利用窗戶下方的按鍵將亮度做5階段調整。按下按鍵，窗戶會像著色般慢慢地變暗。相片中不容易看得出來，但在最暗的時候仍然有大約5%的透光度，能夠隱隱約約地看到窗外的景色。波音787窗戶的大小為以往的1.3倍左右（參照右側相片）。ANA表示，由於窗戶加大，不只坐在窗邊，就連坐在中間的座位，都能看到地平線。

787的機師的駒田拓也先生說：「我不會擔心那個。感覺上，這些系統是對機師的駕駛做了完美的輔助。」例如，鳥飛入發動機造成一邊的發動機故障時，以前的飛機必須靠機師做各式各樣的控制，才能保持姿勢。但是波音787的電腦會自動控制機翼的動作，使機體保持姿勢。

這樣的功能在飛機遭遇亂流的時候也能發揮效果。駕駛波音787首航班機的早川秀昭先生說：「當遭遇相同情況的亂流時，波音787跟以往的飛機比起來更不容易搖晃。」對於乘客來說，也能享受更舒適安全的旅行。

## 能夠調整窗戶的亮度

其他還有很多新技術，能夠讓乘客有切身的感受，例如電子式遮陽板就是其中之一。波音787不採用以往把窗戶遮陽板拉下來的方式，而是利用按鍵做5階段的亮度調整。而且，即使是調到最暗的一段，仍然可以隱隱約約地欣賞窗外的景色。

窗戶也加大了，大小是B767的1.3倍左右。窗戶是由機體的機身挖通而製成，機體內外的壓力差會使窗戶的接合部分承受很大的力，所以加大窗戶十分困

難。這次是使用高強度的CFRP才得以實現。ANA表示，由於窗戶加大了，「就連坐在中央的座位也能看到窗外的水平線」。

波音787於2011年11月首度投入日本國內航線的航運。如今在歐洲各大城市、美國西海岸的聖荷西及西雅圖等城市，以及雪梨、墨西哥等地都可以看到它的蹤跡。

如果有機會搭乘這款飛機，請務必感受它的機翼動作和乘坐的舒適感，並且比較一下這型飛機和其他飛機之間的差異！ ☄

# 日本的噴射客機
# 三菱 SpaceJet

兼顧最高層級的客艙舒適性和優異的航運經濟性,翱翔全球天際

「三菱SpaceJet系列」原名「三菱區域航線噴射客機」(MRJ,Mitsubishi Regional Jet),是三菱航空機公司開發的70～90個座位等級的國產噴射客機。區域航線噴射客機是指在某個區域內飛航的短程噴射客機。以三菱SpaceJet來說,依照不同的機體型式,可以飛行大約1800～3800公里的距離。本文將為您介紹三菱SpaceJet這架日本第一款國產噴射客機,從試驗機的製造,到使用試驗機反覆進行地面與空中的試驗及修改,再到如今即將在全球天空飛翔,全部歷程完整呈現。

協助|三菱航空機股份有限公司

三菱SpaceJet。2019年6月
在巴黎航空展中以新品牌的形
式發表SpaceJet計畫。

# 正在進行組裝的試驗機

在2010年的9月30日，三菱重工業名古屋航空宇宙系統製作所開始著手開發製造三菱SpaceJet的試驗機。相片中的場景為在機棚內進行試驗機的最終組裝。

截至2019年11月為止，已經進行了第6架測試機的製造，並且在2020年3月完成MR90最終機型的飛行測試。在此之前，已經製造了5架三菱SpaceJet的飛行測試機。用第1架到第4架實施地面試驗及行走試驗，在日本及美國實施飛行測試，第5架則選在名古屋實施地面測試。

由美國普萊特和惠特尼公司（Pratt & Whitney，簡稱普惠）製造的新型發動機，配載於第一架飛行測試機的左翼。2017年5月，這具發動機取得美國聯邦航空總署（FAA）的適航認證。性能、耐久性、排氣、噪音等項目都必須符合所要求的標準，才能取得適航認證。比起以往的發動機，不僅噪音降低了，油耗效益也改善了。發動機內側中央的白色標誌是用來分辨黑色的風扇是否還在旋轉。

# 與同型機相比，油耗效益改善達兩位數

目前，日本航空公司之定期航線所使用的噴射客機，沒有一架是日本的國產品。主要的緣故是自二次世界大戰結束之後，聯合國禁止日本的飛機公司製造飛機。

1964年，由政府與民間共同出資的日本飛機製造產業，終於製造出戰後第一架日本國產的螺旋槳運輸機「YS-11」。2010年，本田飛機公司的小型商務噴射機「HondaJet」量產型一號機首次飛行成功，隨即於2014年開始量產。但是承載一般旅客飛行的國產噴射客機，截至當時為止，仍然一架也沒有。因此，國產噴射客機的誕生成為日本飛機產業的一大宏願。

## 反覆進行嚴苛測試並予以改良的試驗機

三菱SpaceJet是在YS-11於1974年停產之後，由三菱重工業開發的短程噴射客機。自2008年4月起，由新成立的公司「三菱航空機股份有限公司」展開三菱SpaceJet的開發及銷售等事業。

三菱SpaceJet要投入航運，必須先取得國家航空主管機關的航空器適航證，這是經認定符合安全性及環境性的標準後才予發放。為了取得航空器適航證，製造了2架「強度試驗機」和5架「飛行測試機」，實施各式各樣的測試。此外，為了加快取得航空器適航證的作業速度，也製造了第6架飛行測試機，並於2020年3月追加飛行測試。

強度試驗機即在地面測試飛機構造的試驗機。其中一種乃「靜強度試驗機」，是把依據所有飛行條件設想狀況當中最大的力（負荷）施加在試驗機上，以便測試機體強度。另一種則是「疲勞強度試驗機」，施加在實際航運中會反覆承受的力（負荷），以便測試機體的耐久性。

而飛行測試機則是實際飛行，在飛行途中進行各式各樣的測試，以便確認機體的性能及安全性等等。第1號飛行測試機先實施發動機等的地面試驗及行走試驗，根據試驗結果加以改良後，終於在2015年11月11日從名古屋機場起飛，完成了1小時30分鐘的首次飛行。在飛行測試中，確認了上升、下降、左右轉彎等基本的動作，以及安全機能等等。反覆測試期間，飛行的高度及速度逐漸提升，飛行範圍也逐漸擴大。利用這些飛行測試所得到的數據進行機體改良。

2019年11月，歷經不斷地試驗及改良之後，飛行測試機前往美國此種區域型噴射機最大的市場實施飛行測試。

試驗機接受的「試煉」並不僅止於此。於世界各地往來飛航的客機，也要顧慮如何在極端氣候的地區降落，所以能否耐得住嚴苛的自然環境也須考驗測試。2017年2月，第4號飛行測試機在芝加哥羅克福德（Rockford）國際機場進行飛機積冰（aircraft icing）的試驗。這是為了分析機體積冰狀況和積冰預防系統的性能。

此外，第4號飛行測試機也在2017年的2月至3月期間，進行了處於零下40℃的極寒環境和50℃的極熱環境中，機體及發動機等重要構件能否正常運作的測試。飛機在投入航運搭載旅客之前，必須紮紮實實地通過各式各樣的測試才行。

## 低油耗、低噪音、低排氣的優異機種

三菱SpaceJet系列現在有兩種不同大小的機型：長度35.8公尺的「SpaceJet M90」和長度34.5公尺的「SpaceJet M100」。本文所介紹的測試機都是SpaceJet M90。

比起其他國家的同型噴射客機，三菱SpaceJet有三個一般認為特別優異的地方：「低耗油量」、「低噪音與低排氣」及「舒適的客艙」。

首先，三菱SpaceJet的油耗效益比以往同型噴射客機改善達兩位數之多（二氧化碳排出量也削減達兩位數）。

其次，這是目前同型噴射客機之中，噪音及排氣最低的機種。起飛時噪音產生的範圍預計將能比同型噴射客機減小許多。另一方面，排放的廢氣相對於國際標準，能夠削減一氧化氮50%、一氧化碳70%、碳化氫85%、煤煙75%。

使這些優點能夠實現的「關鍵角色」，就是三菱SpaceJet配載的渦輪扇發動機（第103頁）。2017年5月，這具發動機通過15種以上的測試，取得美國聯邦航空總署（FAA）的適航認證。

三菱SpaceJet把經濟艙的椅背厚度減薄了，藉此確保腳部擁有比較寬闊的空間。此外，設置於頭頂上的行李架可收納最大尺寸58×37×25公分的手提行李。

## 三菱SpaceJet的訂單最多達287架

三菱SpaceJet在細究空氣力學特性（飛行時機體承受自氣流的各種影響）的同時也進行機體設計，並且藉由材料的選擇及成型方法的改良，以求達成輕量化的目標。並且，誠如上述，機體還配載高性能的新型發動機，因此油耗效益優異、低噪音及低排氣的目標得以實現。

三菱航空機公司預計未來20年內，座位數100個以下之區域型噴射機的需求，全世界將超過5000架。

2019年11月當時，已經有日本、美國、緬甸等國的5家航空公司正式和三菱航空機公司簽約，訂購了多達287架的三菱SpaceJet。

2017年11月，位於最終組裝廠（日本愛知縣豐山町）的三菱SpaceJet展示場「MRJ博物館」盛大開幕。在這裡，可以參觀三菱SpaceJet實際製造現場，也能欣賞駕駛艙及發動機等構件的實物大模型等等。參觀者可以一邊切身感受三菱SpaceJet，一邊想像三菱SpaceJet載著旅客在全球各地天空飛翔的情景。　🪐

這兩張相片是2017年2月～3月在美國佛羅里達州艾格林（Eglin）空軍基地麥金利（McKinley）極端氣候研究所拍攝而得。在室內以人工方式重現嚴苛的氣候環境，測試第4號飛行測試機遭遇這些狀況時，機器的運作情況等等。上方相片為零下40℃的極寒環境，下方相片為50℃的極熱環境。依據這些試驗所獲得的數據，改良第4號飛行測試機的環境控制系統。同年的8～9月，又在最高氣溫可達42℃的亞利桑那州鳳凰城梅薩門戶（Phoenix-Mesa Gateway）機場接受自然環境下的酷熱試驗。

HondaJet

# 日本企業製造的商務噴射機
# HondaJet

## 以獨特設計與超高性能，創造天空之旅的嶄新價值

「HondaJet」是本田技研工業的飛機事業子公司所開發、製造、銷售的小型商務噴射機。商務噴射機提供給企業及個人利用，可因應其目的，自由選定目的地和時間。這架飛機的研究開發歷經了29年的漫長歲月，終於在2018年12月投入航運服務。且讓我們一起來看看，這架風靡全球而有「宛如空中超級跑車」稱號的HondaJet！

協助 ┃ 本田技研工業股份有限公司／本田飛機公司

「ＨｏｎｄａＪｅｔ」升級改版的最新機型
「ＨｏｎｄａＪｅｔ　Ｅｌｉｔｅ」，於2018年5月發表。
HondaJet高度4.54公尺，長度12.99公尺，
翼展12.12公尺。

# 正在進行組裝的HondaJet

**相** 片所示為HondaJet的最終組裝線。機體在美國北卡羅萊納州的工廠內製造生產。生產量能為每年80～

100架。機體組裝完成後，要
送往塗裝區，會在兩個塗裝
方法不同的隔間內分別進行
工序，使表面的凹凸達到最

小化。如此可以降低飛行中
的氣流擾動，並呈現極具高
級感的漆料光澤。這種美感
讓許多飛機迷大為讚賞：「如

此美麗的飛機真是絕無僅有
難得一見啊！」

HondaJet運用了許多項獨創的技術。其中最突顯的例子就是「主翼上方發動機配置」。

本田公司發現，把發動機安裝在主翼上方最適當的位置，具有提升速度及改善耗油量的效果。

此外，機身內部的空間也加大30%以上，使客艙的空間更為寬廣。隨著減輕不少噪音和振動，提供其他商務噴射機所沒有的舒適性。

照片前方為量產第1架飛機，後面4架為飛行測試機。

HondaJet繼2017年和2018年之後，2019年上半年也達成了交機數量全球第一名的成績。

現在，包括日本、北美及歐洲等地，全世界有大約140架在服役中。

機體顏色共有8種，上方相片中左起分別為經典藍、黃、紅、銀、深綠，下方相片左起分別為冰藍、寶石紅、帝王橙。

# 藉由獨一無二的發動機配置 達成低耗油量且舒適的飛行

**本**篇介紹的HondaJet是本田技研工業的飛機事業子公司本田飛機公司所開發、製造、銷售的商務噴射機。所謂的商務噴射機，不像一般的客機那樣當做公共交通工具使用，而是提供給企業及個人滿足商務或私人需求使用，可說就像空中的自用汽車一般。HondaJet的續航距離為2661公里，這個距離在同類型飛機中堪稱無與倫比，足夠從紐約飛到邁阿密，或是從北海道飛到九州。

本田公司從1986年開始投入小型飛機的研究開發，1997年正式啟動HondaJet的研發計畫。2010年量產型HondaJet首次試飛成功，2015年取得美國聯邦航空總署（FAA）的航空器適航證，並於同年開始交機給客戶。

## 把自製發動機 配置在主翼上方

HondaJet最大的特徵在於發動機配置。商務噴射機通常是把發動機配置在機身後部，而客機則是把發動機配置在主翼下方，因為根據飛機力學的傳統理論，主翼的上翼面必須淨空才行。但是，HondaJet的發動機卻是配置在主翼的上翼面。

如果採取一般商務噴射機的發動機配置方式，那麼用來支撐發動機的構造必須設置在機身內部，會擠壓到客艙空間。而且，發動機的噪音和振動會直接傳導到客艙，完全談不上是舒適的環境。

本田公司以數公分為單位挪動模擬發動機的各種裝設位置，檢討機體空氣動力學性質等項目。結果發現，把發動機配置在主翼上翼面的特定位置，可以減少飛行時產生的空氣阻力。這麼一來，便能大幅提升機體的速度、改善耗油量，使得HondaJet的最大巡航速度達到時速782公里，在同類型飛機中一馬當先。

配載的發動機也是由本田集團旗下的公司自行研製。連發動機都是自己製造的飛機，在全世界相當罕見，由此可見本田集團整體的高超技術力。

## 能夠耐受1萬3000公尺 高空的嚴苛環境

商務噴射機的飛行高度遠比一般客機要高。客機的飛行高度大多在1萬2000公尺以下，而HondaJet是在1萬3000公尺的高空飛行。高度越高，則空氣阻力越低，因此能以更少的耗油量飛行。但是，在1萬3000公尺的高空，氣壓只有地面的6分之1左右，氣溫也降到零下56℃，是個相當嚴苛的環境。當然，機體的強度要求必須能耐受這樣的環境。

HondaJet採用先進材料「碳纖強化塑膠」（CFRP），利用環氧樹脂強固碳纖製成，兼具重量輕、強度高的優點。利用這種材料機身得以一體成形，不僅能夠提升耐疲勞度，而且接縫減少，更增添外觀的美感。

HondaJet繼2017年和2018年之後，2019年上半年的全球交機數量在同類型飛機中依然首屈一指，所創造的航空旅行新價值，有望成為商務噴射機的新標竿。

駕駛艙裡配備3部14吋高解析度顯示器，以及2部觸控式螢幕控制器（中央兩個長向的長方形）。可由一名機師駕駛。乘員含機師最多7人。

HondaJet配載的發動機「GE Honda Aero Engines HF120」。這具小型渦輪扇發動機長度151.2公分，最大直徑53.8公分，以Honda自行開發的HF118發動機為基礎，與奇異公司（GE）共同改良，在輕量、耗油量、環境等方面的性能都大幅提升。

# 太空船・火箭的科技

人類實現了在天空飛翔的夢想之後，下一步就是前進太空。因此，不斷地研發把人造衛星和人員送往太空的火箭，以及把物資和人員運送到國際太空站的太空船等等。日本開發的「艾普斯龍號火箭」、「H3」等新世代火箭也備受期待。

協助　的川泰宣／毛利衛／有田誠／森田泰弘／西澤丞／沖田耕一／
日本宇宙航空研究開發機構（JAXA）/IHI AeroSpace ／
川崎重工業／青木精機製作所／三幸機械／
Sony Music Solutions

# 太空梭 30 年的軌跡

## 從首次飛行到終結返航,肇建一個時代的太空船史

2011年 7 月21日,亞特蘭提斯號太空梭平安返回地球。此次返航之後,自1981年首次飛行以來跨越30年的太空梭歷史就此畫下句點。太空梭於修復衛星及建造國際太空站等任務,獲得輝煌成果,但也曾發生2次重大事故。本文以一系列的珍貴相片來回顧太空梭留下的軌跡,並且訪問前日本太空人毛利衛先生,談談他對於太空梭的感想。

協助

**的川泰宣**
日本宇宙航空研究開發機構榮譽教授
濱銀兒童宇宙科學館館長

**毛利衛**
日本科學未來館館長、太空人

圖片

**NASA**
美國航空暨太空總署

**JAXA**
日本宇宙航空研究開發機構

## 亞特蘭提斯號最後的返航

亞特蘭提斯號(Atlantis)於2011年 7 月21日上午 5 時57分(美國東部夏令時間),完成最後一次太空梭飛行任務,降落在美國佛羅里達州甘迺迪太空中心(右邊相片)。此刻,長達30年的太空梭歷史也隨之畫下句點。這次的最後任務是運送補給物資到國際太空站 (ISS),並且回收耗罄器材及廢棄物帶回地球。事實上,這次最終使命(STS-135)並非當初預先安排的任務。所使用的亞特蘭提斯號是上一次任務(STS-134)的緊急備用機。和一般的飛行任務一樣,機體的準備工作已經完成,所以基於成本等方面的考量,臨時決定出航太空。STS-135並沒有安排緊急備用機,萬一發生問題,就搭乘俄羅斯的太空船「聯合號」(Soyuz)返回地球。由於這些原因,所以搭載的乘員比正常狀況少,只有 4 名太空人。

# 太空梭的發射流程

**美**國的阿波羅計畫（Project Apollo）在登陸月表等任務獲得豐碩成果之後，功成身退，於1972年宣告結束。接下來推動的大型計畫，就是能夠在太空和地球之間多次往返的太空梭（space shuttle）開發計畫。

太空梭大致分為三個主要構件：發射時產生推進力的「固態火箭推進器」（solid rocket booster）、存放主推進器用燃料的「外燃料箱」（external tank）、太空船本體「軌道船」（orbiter）。

基本上，太空梭的發射和降落都是在佛羅里達州東岸梅里特島（Merritt Island）的甘迺迪太空中心（Kennedy Space Center）施行。太空梭先在該中心的載具裝配大樓（vehicle assembly building，VAB）組裝成發射時的形態，再移動到發射台（launch complex），然後安裝在發射台上等待發射。順帶一提，太空梭的管制是由德克薩斯州休士頓的詹森太空中心（Johnson Space Center）負責。

而太空梭的任務編號格式採通用的「STS-號碼」（Space Transportation System，STS），不過，也有因為計畫延期等因素導致編號前後錯亂的情形。

## 太空梭的構成

### 固態火箭推進器
發射時，固態燃料燃燒2分鐘左右，產生強大的推進力，把太空梭送上天空。燃料燒完之後，與外燃料箱和軌道船脫離，掉落於海面上，然後回收供下次再使用。長度約45.5公尺，直徑約3.7公尺。圓錐形前端收藏著降落傘，掉落時會打開。

### 外燃料箱
貯存軌道船主推進器使用的燃料（推進劑是液態氧、液態氫）。是一個長度47公尺，直徑8.4公尺的巨型桶槽。內部上層是貯存液態氧的桶槽，下層是貯存液態氫的桶槽，外面包覆著隔熱材料。這個外燃料箱上固定著軌道船和兩具固態火箭輔助推進器。發射後大約8.5分鐘，當主推進器把桶槽中的推進劑用完了，外燃料箱就會脫離軌道船，再度衝入大氣層，粉身碎骨掉落海中，無法回收再度使用了。

### 軌道船（太空船）
這是太空船的機體部分，可說是太空梭的本體。在軌道上完成任務後，自力離開軌道，重回大氣層，並且像滑翔機一樣在大氣中滑行。長度37公尺，翼展23.8公尺。在伸出降落用輪的狀態下，至垂直尾翼尖端的高度為17.3公尺。軌道船包括試驗機在內一共製造了6架，分別命名為試驗機企業號（Enterprise）、哥倫比亞號（Columbia）、挑戰者號（Challenger）、發現號（Discovery）、亞特蘭提斯號（Atlantis）、奮進號（Endeavour）。

### 移動式發射台
太空梭以豎立的狀態安置在移動式發射台（mobile launch platform，MLP）上，再從載具裝配大樓移送出來。這座發射台原本是用來載送農神（Saturn）火箭的發射基座（launcher base），以發射阿波羅太空船，經改良後提供給太空梭使用。這座發射台為兩層樓構造，高度約7.5公尺，基座約40公尺×約50公尺。

# 發射流程（1～5）

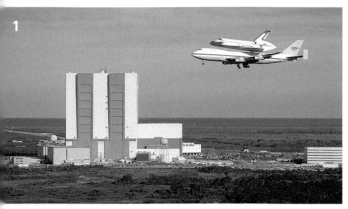

## 把軌道船運送到甘迺迪太空中心

如果因為天候不佳等狀況而無法降落在甘迺迪太空中心，可能改為降落在加州的愛德華空軍基地（Edwards Air Force Base），或新墨西哥州的白沙飛彈試驗場（White Sands Missile Range）等處。在這種狀況下，必須把軌道船放在專用的運輸機上，載送到甘迺迪太空中心。軌道船運抵後立刻送入載具裝配大樓，開始進行準備作業。

## 軌道船在專用設施中進行準備作業

相片所示為專用軌道船整備設施（Orbiter Processing Facility，OPF）內的軌道船。

## 軌道船正進行裝配

懸吊在太空梭裝配大樓內的軌道船。相片中的遠側可以看到外燃料箱，即將組裝到軌道船上。

## 把太空梭運往發射台

太空梭固定在移動式發射台（MLP）上，由履帶式運輸車（crawler-transporter）運送到實施發射作業的發射台。這段路程走得相當緩慢，約5.5公里的距離要耗費 5～8 個小時。

## 太空梭等待發射

抵達時，把MLP固定在發射台的基座上，等待發射時刻到來。

# 將大量物資和人員送上太空，然後返回地球

太空梭發射後，飛出大氣層，在大約300公里的高度繞行地球。返航時，再度衝入大氣層，像滑翔機一樣飛行，最後降落於地面。從發射到降落的整個流程，可見右頁上圖所示。

接著，我們來看看太空梭軌道船（太空船）的構造。軌道船有一個很大的特徵，就是它能載送許多人員及大量物資。人員最多可載7人，貨物最多可載大約28公噸。30年來，一共有16個國家的355名太空人（共852人次）搭乘過太空梭。太空人主要是在駕駛艙（flight deck）和中層艙（mid deck）生活，物資則主要裝在酬載艙（payload bay）內運送。

運載太空實驗室的太空梭（相片中為亞特蘭提斯號，1995年，STS-71）。

相片中為奮進號（STS-127）太空梭，載運日本太空實驗艙「希望號」的艙外實驗平台及艙外棧板。

亞特蘭提斯號（STS-112）太空梭正運載國際太空站（ISS）的骨架構件「S1桁架」。

### 最多可載送大約28公噸貨物的酬載艙（貨艙）

軌道船（太空船）機體的中段部位有個酬載艙（貨艙）。這個容量龐大的酬載艙，最多能裝載大約28公噸的物資，可以說是太空梭主要的一項特徵！尺寸為長度18.3公尺，直徑4.6公尺。把哈伯太空望遠鏡（Hubble Space Telescope）及錢卓X射線天文衛星（Chandra X-ray Observatory）等人造衛星投放到太空，以及運送ISS的構件等等，都是因為有了這個酬載艙才得以實現。此外，也載運「太空實驗室」（Spacelab）20多次，進行微重力環境中的實驗。上方相片顯示的是在太空所攝得的太空梭軌道船。打開酬載艙的艙門在軌道上飛行，艙裡的貨物可清楚看見。

## 飛行流程（1～9）及太空梭軌道船的構造

1～9為從發射到降落的整個流程。中間為軌道船的構造圖。

5. 在高度約300公里的地球環繞軌道上繞行

6. 脫離軌道。翻轉船身，點燃軌道操作推進器減速

4. 點燃軌道操作推進器

3. 外燃料箱脫離

2. 固態火箭推進器脫離

垂直尾翼

7. 再度衝入大氣層

太空實驗室

酬載艙（貨艙）

輻射板

駕駛艙

軌道操作推進器

主推進器

8. 像滑翔機一樣在天空滑行

USA

1. 發射

中層艙

耐熱瓷磚

機械臂

主翼

9. 降落

### 太空人起居生活的中層艙

中層艙是吃飯、睡覺的居住空間，廁所也在這裡。相片為日本太空人若田光一在中層艙作業的場景（2009年，STS-119）。

### 布滿操縱機器的駕駛艙

上方為駕駛艙的操縱機器（2009年，STS-125）。從窗戶可以看到地球。下方相片為左側的太空人正在使用駕駛艙內的通訊系統和地面通話的場景（2009年，STS-119）。

# 太空梭的歷史——
# 首次飛行、太空漫步、與和平號泊接

**哥**倫比亞號太空梭於1981年完成了首次飛向太空的任務，這是太空往返機的世界首次壯舉。

其後，直到2011年7月最後一次飛行為止，太空梭計畫歷經30年，總共發射135次。太空梭始終站在太空開發的最前線，建構起一個時代。從這一頁開始，我們要一起見證它的歷史和成果。

1984年進行「不用維生繩的太空漫步」，在當時的電視等新聞媒體上曾有大篇幅的報導。1995年「與和平號（Mir）的泊接」，更使後來的國際合作往前邁進一大步。

左下年表彙整了太空梭的歷史大事。

## 太空梭的歷史

| | |
|---|---|
| 1981年4月 | 哥倫比亞號首次飛向太空。 |
| 1983年4月 | 進行太空梭首次艙外活動。 |
| 1983年6月 | 美國第一位女太空人飛向太空。 |
| 1983年11月 | 在太空實驗室進行第一次實驗。 |
| 1984年2月 | 史上第一次不用維生繩進行太空漫步。 |
| 1986年1月 | 挑戰者號發生爆炸事故。 |
| 1988年9月 | 事故後重啟飛行，發射發現號。 |
| 1989年5月 | 投放金星探測器麥哲倫號（Magellan）。 |
| 1989年10月 | 投放木星探測器伽利略號（Galileo）。 |
| 1990年4月 | 投放哈伯太空望遠鏡。 |
| 1990年10月 | 投放太陽探測器尤里西斯號（Ulysses）。 |
| 1992年9月 | 毛利衛成為日本第一位搭乘太空梭的太空人。 |
| 1993年12月 | 第一次修理哈伯太空望遠鏡。 |
| 1994年7月 | 向井淺秋成為日本第一位飛向太空的女性。 |
| 1995年6月 | 第一次與俄羅斯太空站「和平號」泊接。 |
| 1996年1月 | 若田光一成為日本第一位搭乘太空梭的任務專家。 |
| 1997年2月 | 第二次修理哈伯太空望遠鏡。 |
| 1997年11月 | 土井隆雄成為日本第一位從事艙外活動的太空人。 |
| 1998年12月 | 開始建造國際太空站（ISS）。 |
| 1999年7月 | 投放錢卓X射線天文衛星。 |
| 1999年12月 | 第三次修理哈伯太空望遠鏡。 |
| 2002年3月 | 第四次修理哈伯太空望遠鏡。 |
| 2003年2月 | 哥倫比亞號發生空中解體事故。 |
| 2004年1月 | 美國布希總統宣布太空梭將在2010年退役。 |
| 2005年7月 | 事故發生後首次重啟發射。日本太空人野口聰一首次飛行。 |
| 2008年3月 | 開始組裝日本實驗艙「希望號」。 |
| 2008年5月 | 日本太空人星出彰彥首次飛行。 |
| 2009年5月 | 第五次修理哈伯太空望遠鏡。 |
| 2009年7月 | 日本實驗艙「希望號」建造完成。 |
| 2010年4月 | 日本太空人山崎直子首次飛行。 |
| 2011年2月 | 包括太空梭在內各國的6架太空船集結在國際太空站。 |
| 2011年7月 | 亞特蘭提斯號最後一次飛行。太空梭計畫結束。 |

**太空往返機第一次從太空返航**
1981年4月12日，哥倫比亞號太空梭搭載2名太空人首次發射（上方相片，STS-1）。下方相片為哥倫比亞號於4月14日回到愛德華空軍基地，降落在地面的場景。這是全世界首次太空往返機返回地球的瞬間。

### 不用維生繩的太空漫步

1984年，完成了人類第一次不用維生繩的太空漫步（STS-41B）。相片所示為STS-41B任務中進行太空漫步的場景。太空人揹著「載人機動裝置」（Manned Naneuvering nit，MMU），藉由噴射氮氣來控制姿勢及移動。現在為了確保安全，不再進行揹著載人機動裝置的艙外活動。後來不僅國際太空站，就連太空梭也大多是在足部固定於機械臂的狀態下從事艙外活動。

### 首次與和平號泊接

1995年，亞特蘭提斯號完成太空梭與俄羅斯太空站「和平號」的首次泊接（STS-71）。這是自1975年阿波羅號（美國）與聯合號（前蘇聯）泊接以來，美國和俄羅斯的太空船首次泊接。這次泊接促使國際太空站的建造計畫邁進了一大步。

# 人造衛星的載運與修復

太空梭已經投放了數十個以上的人造衛星及探測器到太空。哈伯太空望遠鏡、金星探測器麥哲倫號、木星探測器伽利略號、錢卓X射線天文衛星等等，我們熟悉的這些探測器和人造衛星也是利用太空梭運送到太空。

此外，哈伯太空望遠鏡前後修復了5次，也是太空梭的重大成果之一。哈伯太空望遠鏡在發射之初就因為故障而只能拍攝到無法對焦的模糊影像。

能夠拍攝到現在這樣的美麗影像，是修復及改良的成果。

JAXA的川泰宣榮譽教授親身參與日本太空開發工作，關於太空梭的歷史，他說：「在太空修復已經發射升空的人造衛星，對於開發者來說真像是一場夢。只有太空梭才能做得到吧！」太空梭退役之後，人造衛星的修復變成了一件棘手的事。

## 太空梭投放的主要衛星

| 投放年度 | 衛星名稱 |
|---|---|
| 1983年 | 追蹤與數據中繼衛星 TDRS-A |
| 1988年 | 追蹤與數據中繼衛星 TDRS-C |
| 1989年 | 追蹤與數據中繼衛星 TDRS-D |
| 1989年 | 金星探測器麥哲倫號 |
| 1989年 | 木星探測器伽利略號 |
| 1990年 | 哈伯太空望遠鏡 |
| 1990年 | 太陽觀測衛星尤里西斯號 |
| 1991年 | 伽瑪射線觀測衛星 GRO |
| 1991年 | 追蹤與數據中繼衛星 TDRS-E |
| 1992年 | 回收用衛星 EURECA |
| 1992年 | 測地衛星 LAGEOS-2 |
| 1993年 | 追蹤與數據中繼衛星 TDRS-F |
| 1993年 | 通訊衛星 ACTS |
| 1995年 | 追蹤與數據中繼衛星 TDRS-G |
| 1999年 | 錢卓X射線天文衛星 |

註：追蹤與數據中繼衛星（Tracking and Data Relay Satellite）是用於太空梭及衛星與地面通訊的人造衛星。

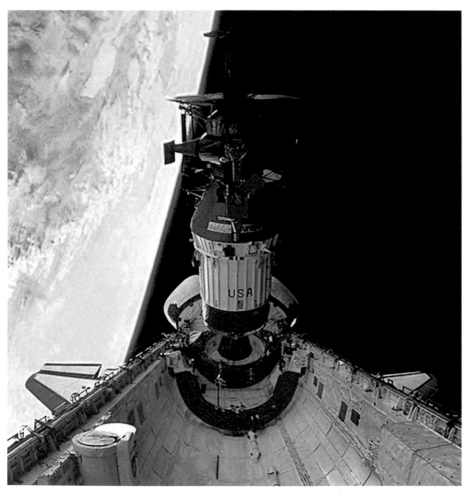

**木星探測器伽利略號的投放**

相片所示為繞行地球的亞特蘭提斯號即將把酬載艙（貨艙）內的木星探測器伽利略號投放到太空的場景。1989年10月發射（STS-34）。

**錢卓X射線天文衛星的投放**

1999年由哥倫比亞號投放到太空的錢卓X射線天文衛星（STS-93）。相片所示為發射前，錢卓X射線天文衛星放在哥倫比亞號酬載艙內的場景。

1990年4月，發現號把哈伯太空望遠鏡投放到軌道上（STS-31）。太空梭通常在大約200～400公里的高度飛行，但這次為了投放哈伯，特地爬升到600公里的高度。

1993年12月第一次修理任務的場景（STS-61）。哈伯在投入軌道後，立刻發現它只能拍攝到解析度很低的圖像。檢查的結果，發現主鏡產生了球面像差。因此，進行修復作業，把主力觀測裝置WFPC（Wide Field/Planetary Camera，廣域和行星照相機）更換成內藏修正裝置的WFPC2。哈伯在掛上「眼鏡」恢復「視力」之後，陸續攝得許多美麗的圖像。

2009年5月第5次修復任務的場景（STS-125）。把WFPC2更換成新的照相機WFPC3。相片中，太空人手上拿的就是WFPC3。與WFPC2相比，大部分拍攝範圍的解析度都提升了2倍以上。太空梭退役後，並沒有安排新的修復計畫。

# 國際太空站的建造

國際太空站（ISS）是一項由美國、加拿大、俄羅斯、日本、英國、法國等15個國家共同推行的國際計畫。ISS分成許多個組合艙（機能統整的構件），這些組合艙先在地面上製造完成，再送到太空去組合成整座太空站。

ISS從1998年開始組裝作業，到2011年7月底太空梭計畫結束之前，與ISS組裝作業有關的任務共有43次，其中37次是由太空梭負責執行。日本的太空實驗設施「希望號」也是利用太空梭運送組合艙到太空組裝而成。

ISS於2012年完成，預定運作到2024年。ISS可供太空人長期駐留，並可進行各式各樣的實驗。現在，日本太空人野口聰一正在接受搭乘美國載人太空船（USCV）飛往ISS的訓練。2020年，預定另一位日本太空人星出彰彥也將擔任船長的職務長期駐留在ISS。

2006年，由太空梭載運來的「P5桁架」，正在進行安裝作業（STS-116）。「桁架」是骨架型構造物，用來設置太陽電池等艙外機器。

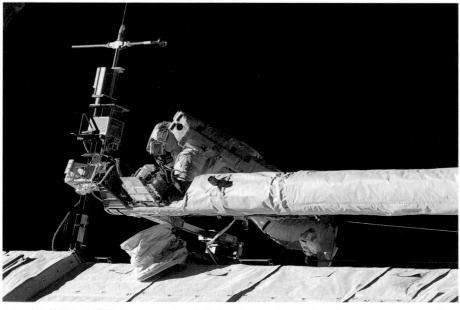

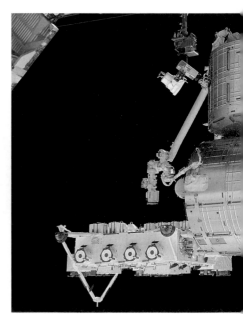

2008年3月的作業場景（STS-123），太空人正在為設有感測器的檢查用延長桿進行安裝。桿子的前端設置感測器，能夠檢查耐熱瓷磚的損傷等等，其後用在太空梭的檢查等方面。

### 與ISS泊接

2011年5月，和ISS泊接的太空梭（中央上方，STS-134）。相片是從脫離ISS正要返航的俄羅斯太空船「聯合號」所攝得。這是第一次從聯合號拍攝的泊接場景，也是最後一次。

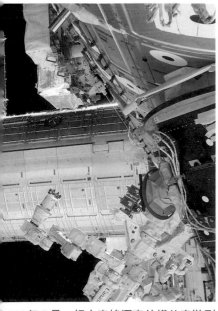

2009年7月，把太空梭運來的構件安裝到日本實驗艙「希望號」上，完成全部的組裝作業（STS-127）。

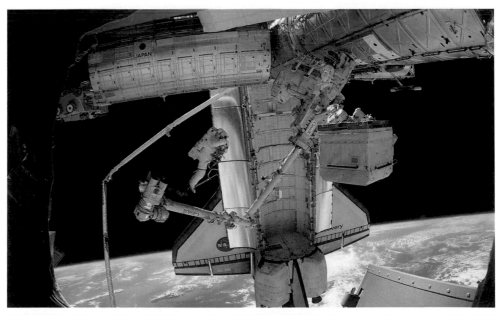

此作業場景（STS-133），是2011年2月，把故障的幫浦組合艙（Pump Module，PM）更換成存放在2號艙外裝載平台（External Stowage Platform，ESP）的備用PM。相片中央偏右的四方形箱子就是PM。故障的PM由該年7月的太空梭最後一次飛行回收到地球上。

# 太空開發交棒給新世代載人太空船

**總**計135次的太空梭任務中，由於2次事故而損失了挑戰者號（1986年）和哥倫比亞號（2003年），並且有14名太空人罹難。

從這2次事故，可以明白太空梭的「維修難度」。太空梭是由數量龐大的零組件所構成，要檢查所有的零組件，把老舊的零組件全部修補，是一項相當困難的作業。

在剛開始啟動太空梭計畫的時候，原本以為將太空船維修之後再度使用，會比用過即丟更能節省人力，但結果出乎意料，發射太空梭所耗費的人力比用過即丟型更多。

2004年，美國布希總統宣布太空梭將於2010年退役，於是美國航空暨太空總署（NASA）著手開發新世代載人太空船「獵戶座號」（Orion Multi-Purpose Crew Vehicle，Orion MPCV），以便接替太空梭的角色。

獵戶座號太空船沒有像太空梭那樣的機翼，而是做成像阿波羅計畫所用的太空船一樣的膠囊構型。此外，獵戶座號並非用過即丟，而是能夠重複使用。2013年1月，NASA和歐洲太空總署（ESA）宣布，ESA將參與獵戶座號的開發。ESA以歐洲自動補給機（Automated Transfer Vehicle，ATV）的技術為基礎，開發獵戶座號的「服務艙」，用以運載推進裝置所需的燃料，以及乘員所需的氧和水。2014年12月5日，實施了無人試驗機的第一次試驗飛

## 太空梭任務經歷兩次悲慘事故

### 挑戰者號爆炸事故

1986年1月28日，挑戰者號在發射後僅僅73秒就發生爆炸。左邊相片為爆炸的瞬間。這次事故造成機上7名太空人全數罹難。這是太空梭第25次發射時發生的事故。

這次任務是「從太空給全世界的孩子們上課」的首次嘗試，所以搭載了一位高中老師麥考利芙（Christa McAuliffe，1948～1986）。她也是第一位平民太空人。

事故調查委員會調查這次事故的原因，結論是：「發射當時的氣溫太低，使得固態火箭推進器的一個橡膠零件（O環）失去彈性而破損，導致高溫高壓的燃氣從破損部位噴出。」此外，事故調查委員會也指摘NASA對於安全管理的認知過度輕忽。

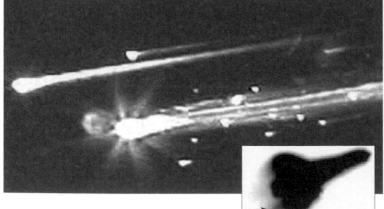

### 哥倫比亞號空中解體事故

2003年1月16日，哥倫比亞號發射升空，進行第113次太空梭任務。在太空停留2個星期完成任務後，2月1日再度衝入大氣層，卻發生了空中解體，奪走所有乘員共7位太空人的寶貴生命。

相片顯示，由於超音速的衝擊，哥倫比亞號在空中解體，並且起火燃燒。右下角的相片為再度衝入大氣層時的哥倫比亞號。左主翼後方（箭頭所指處）拉出一條影子，是因為碎片從這個位置開始飛散的緣故。

調查事故的原因，得知是哥倫比亞號在發射時外燃料箱的隔熱材脫落，直接打中軌道船的主翼造成損傷，所以導致空中解體。

這次事故發生後，整整過了29個月才再度發射太空梭。這也導致ISS的建造進度大幅延遲。

行。這次飛行編號EFT-1（Exploration Flight Test-1）。試驗機利用三角洲4號重型（Delta IV Heavy）運載火箭發射，繞行地球兩周之後，高速衝入大氣層，以便確認耐熱機殼等的能力。獵戶座號打算在運用階段將由太空發射系統（Space Launch System）火箭發射，預定2020年發射無人試驗機。

日本也在推行自己的太空開發計畫。JAXA開發了運送物資給ISS的無人太空補給機「HTV」（H-II Transfer Vehicle，H-II運輸載具），暱稱白鸛號。截至2019年11月為止，總共完成了8次任務。HTV為用過即丟，在運送物資給ISS之後，會衝入大氣層而燃燒殆盡。目前正在開發小型回收太空艙，以便把ISS上的實驗樣本等物品載回地球。

太空梭計畫的意義是什麼呢？的川榮譽教授回顧太空梭30年的歷史，說了以下這段話：「太空梭留下了重大的科學成果。但是，我認為太空梭最大的功績，是讓許多人興起了『我也想要上太空』的念頭。可以說，太空梭喚起了下一代年輕人的太空夢！」

此外，對於日本在未來太空開發上的定位，的川榮譽教授也充滿期待地說：「接替太空梭計畫的新太空計畫還沒有建立明確的主軸。期望日本能夠帶頭宣示未來的願景，不是採取對立和競爭的態勢，而是彙整各國的優異技術，立志把全世界人都送往太空。」

太空梭這個為太空開發開創了一個時代的主角，已經功成身退，期待未來，日本在太空開發上能有更大的發展。更期待台灣也能有所突破，參與太空開發工作。　🪐

## 繼承太空梭遺志的太空補給機及新世代太空船

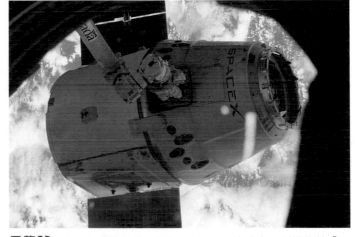

**獵戶座號**　上圖為NASA正在開發的新世代載人太空探測器「獵戶座號」想像圖。可搭載4名太空人。獵戶座號同時具有太空梭「回收再利用」的長處，以及阿波羅計畫所用的膠囊型太空船「省能源發射」的長處。

**天龍號**　上圖為美國SpaceX公司在NASA協助之下所開發的「天龍號」（Dragon）。天龍號以未來能夠搭載7名太空人為目標。2010年12月進行模擬飛行，成功地環繞地球軌道，然後重新衝入大氣層，回到地面。

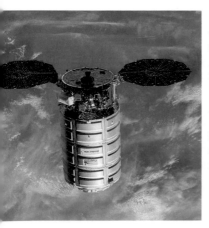

**天鵝座號**　左圖為軌道科學公司（Orbital Sciences Corporation）在NASA協助之下所開發的無人太空補給機「天鵝座號」（Cygnus）。具有再度衝入大氣層的能力，能把最多1200公斤的物資帶回地球。2013年9月第一次飛行與ISS泊接成功，目前已在運作中。

**HTV**　左圖為JAXA的「HTV」（暱稱白鸛號）。HTV是運送物資給ISS的無人太空補給機。2011年1月22日發射的HTV-2於1月28日與ISS泊接成功。HTV運載的泊接裝置在現有的無人補給機當中是最大的一個。太空梭退役之後，如今只有HTV能把大型實驗機器運送到ISS。

# 第一位搭乘太空梭的日本人

1992年，毛利衛先生成為第一位搭乘太空梭（奮進號）的日本人。2000年，又以任務專家（mission specialist）的身分再度登上奮進號。本文特別專訪毛利先生，請他談一談太空梭上的生活以及對太空梭的想法。

＊本篇為2011年8月2日的專訪內容。

**Galileo**：1981年太空梭第一次升空的時候，你有什麼感想嗎？

**毛利**：我是在電視新聞上看到太空梭首次發射升空的場景。那時完全沒有想到有天會坐在裡面。

**Galileo**：事實上，您搭乘了2次太空梭。乘坐時是什麼樣的感覺呢？發射時的衝擊會很劇烈嗎？

**毛利**：搭乘太空梭的感覺非常舒適！我曾聽秋山先生（1990年搭乘俄羅斯聯合號飛上太空）說，聯合號發射的時候，感覺好像坐著砂石車在礫石路上行駛，但太空梭不會這樣。當然，因為有「G」（上升時承受的虛擬重力）在作用，所以身體和手臂會覺得沉重，但舒適度超乎想像。

**Galileo**：那麼，返回地球時又是什麼感覺呢？

**毛利**：太空梭是像滑翔機一樣地滑行回到地面上，所以不會感覺到有什麼衝擊。在下降之前原本是無重力狀態，慢慢地重力越來越大，感覺到頭盔越來越重。

**Galileo**：降落到地面的當下，感覺如何？

**毛利**：在技術非常高超的機師操控之下降落，沒有感覺到衝擊，就像平常搭客機一樣。甚至衝擊比客機還要小。畢竟是優秀的機師在駕駛，所以非常平穩地降落。

**Galileo**：這倒是出人意料。膠囊型的聯合號大概不會這樣吧？

**毛利**：是的。搭乘膠囊型太空艙回來的話，雖說是軟著陸，但聽說還是會有衝擊。未來，如果一般人要上太空，應該是需要太空梭這種衝擊較小的往返機，而不是膠囊型太空艙！

## 太空梭上的生活是什麼樣子？

**Galileo**：談一下實際的生活吧！太空梭內部的空間夠寬敞嗎？

**毛利**：寬敞或狹窄應該是因人而異，我自己是覺得很寬敞。生活的空間有大約7平方公尺的駕駛艙和其下方大約10平方公尺的中層艙（設置廁所等起居空間）。到了太空，可以用3維方式利用空間，所以比想像中寬敞許多。兩個空間的互通，在地球上是用樓梯相連，但是在太空則可以拿掉樓梯，用游泳的方式來回穿梭。

**Galileo**：在太空梭上睡覺是什麼感覺呢？

**毛利**：睡得非常舒服。我並不是只有在太空梭上才睡得好，但因為是無重力狀態，能夠非常放鬆。就像泡在溫泉裡的時候，感覺全身力氣都放掉了，但還是覺得好像有什麼部位的肌肉在受力！在無重力狀態下，則全身受力都消失了，更放鬆，更好睡。每趟任務的睡眠環境都不太相同，當時我們有4層床鋪，大家輪流睡。門一關上，完全黑暗，就可以安安穩穩地入睡。

**Galileo**：這是只有在太空才能有的體驗吧！還有，您做了許多只有在太空才能進行的實驗，印象最深刻的實驗是哪一個？

**毛利**：以針對大眾的實驗來說，含義最深的是使用蘋果的實驗。而我印象最深的是，第一次搭乘

**毛利衛**
日本科學未來館（位於東京台場的國立科學館）館長。太空人。1948年出生於北海道余市郡余市町。1985年和向井千秋、土井隆雄一起獲選為日本第一代太空人。1992年和2000年兩度搭乘太空梭。相片為2000年搭乘時攝於太空梭中層艙。

時讓花在水中綻放的實驗，和第二次搭乘時削蘋果皮的實驗。

**Galileo**：為什麼蘋果的實驗最具意義呢？

**毛利**：搭乘挑戰者號的高中老師麥考利芙小姐原本計畫在太空進行理科實驗。這位老師的故鄉是著名的蘋果產地。挑戰者號也預定進行蘋果的實驗，但因為發生事故（1986年），所以無法進行。我也是來自盛產蘋果的北海道余市，因此想要針對大眾使用蘋果進行實驗。這項實驗含有如此特別的意義。

**Galileo**：水中開花是什麼樣的實驗呢？

**毛利**：在太空中，能夠藉由表面張力於空間製造水球。這項實驗是讓直徑5公分左右的水球飄浮在空間，再看看「櫻茶花（放入水中則花瓣會綻放）」能不能在水球內泡開呢？如果能泡得開，會是什麼情形呢？這和表面張力、水的黏性、櫻花花瓣的潤溼性（親水性和疏水性）等基本物理性質都有關聯。而且花在水中綻放十分美麗！同時也想把櫻的日本文化傳播到全世界。

**Galileo**：這些實驗當時透過許多新聞報導的傳播，讓大家感覺到好像太空就在自己身旁。

**毛利**：太空梭的重大意義之一，就在這個地方吧！讓眾多不分國籍的男女老少，都能切身地感覺到太空的存在，我認為這是太空梭的一項重大貢獻。

**Galileo**：搭乘太空梭讓你留下最深刻印象的事情是什麼？

**毛利**：分別是看到極光和富士山的時候。

**Galileo**：第二次搭乘時，有一項任務是使用高解析度照相機拍

攝地球吧！

**毛利**：是的。為了使用高解析度照相機拍攝，或使用雷達製作三維立體地圖，在執行作業時需要一直注視著地球。那真是美好的經驗。完成這些作業之後，就可以使用備用的錄影帶自由拍攝。當我在拍攝月球沉落於地球的景象時，富士山剛好出現。沉落到地球的月亮和富士山，最後所呈現的美景，真是讓人感動萬分。

## 運送大量物資和人員的太空梭

**Galileo**：剛才您提到太空梭的一大功績，是讓人感覺到太空就在身旁。除此之外，太空梭還具有哪些重大的意義呢？

**毛利**：應該是把大量物資和人員送上太空再帶回地球吧！膠囊型太空船就無法做到這一點。ISS（國際太空站）的建造也是有了太空梭才得以展開。現在後繼機種打算改為膠囊型，但我想，未來還是需要更進化、更安全的太空梭型往返機！

**Galileo**：可否給想要上太空的年輕讀者們一些建議呢？

**毛利**：上太空有兩個途徑。如果純粹只是想上太空，則或許在不久的將來，任何人都能上太空

1992年搭乘時針對大眾進行實驗的一個片段。把櫻茶（將鹽漬的櫻花泡入熱水中，花瓣會慢慢伸展開來）放入直徑5公分左右的水球內，讓櫻花綻放的場景。

吧！不只是太空旅行，由於通過大氣層上方的話，速度可以加快，所以東京飛到紐約只需3個小時左右就到了，我認為這一天很快就會來臨！而且，飛行途中還可以欣賞地球的外觀，也可以體驗無重力的感覺。

**Galileo**：另一個途徑是成為太空人，沒錯吧？

**毛利**：是的。現在的太空人已經開始接受前往火星的訓練了。當初我在接受訓練的時候，就已經有以火星為假想目標的訓練課程。在不久的未來，必定會有太空人飛往火星的一天。身為太空人，應該不會只是想在ISS上生活，一定會想去月球或火星，甚至更遙遠的目的地吧！

**Galileo**：非常高興您能接受採訪，謝謝！

# 後太空梭時代的太空開發

從歷史悠久的「聯合號」到最新的民間載人太空船，
太空梭退役後日漸活躍的太空船全盤大探索

太空梭退役後，依靠美國民間企業運送物資前往國際太空站（ISS）、首次有女太空人搭乘的中國載人太空船任務等等，關於太空開發的新聞依然不絕於耳。本文將介紹太空梭退役後日漸活躍的太空開發現況。

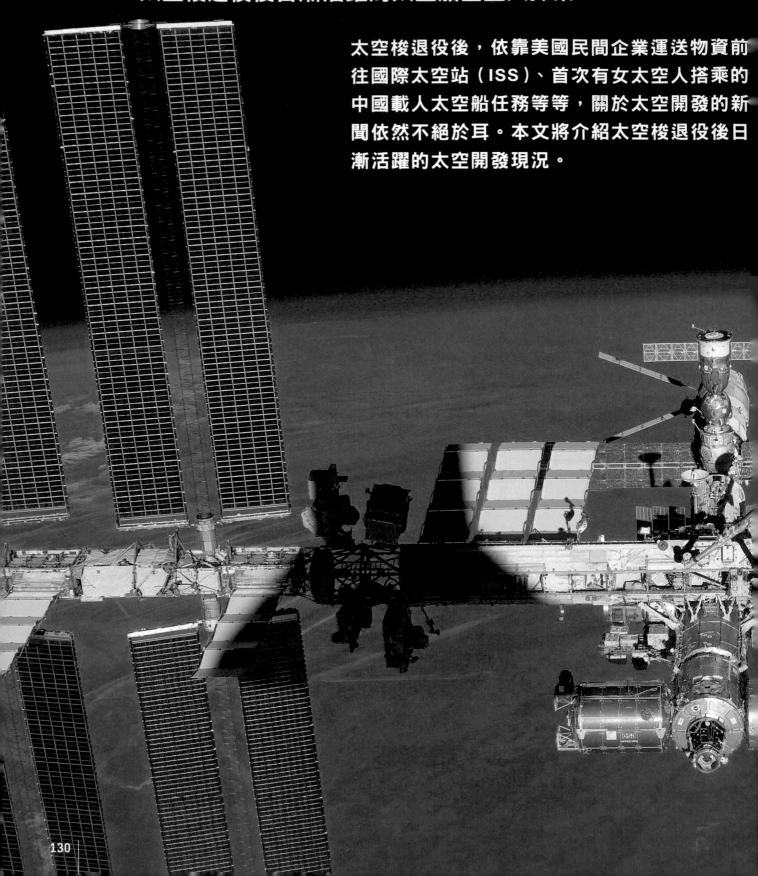

# 從太空梭看到的ISS

下圖為2011年5月29日太空梭第134次任務從奮進號眺望ISS所拍攝的相片。ISS是全長109公尺，全寬73公尺的巨型載人實驗設施，在距離地面大約400公里的高空，每隔90分鐘左右繞行地球一周，由稱為「組合艙」（module）的構成單元在太空中組裝而成。相片中，最近側右邊畫有日本國旗的組合艙為日本實驗艙「希望號」。較遠處可以看到與太空站泊接（docking）的聯合號（第132～135頁）和ATV（第138頁）。

協助　**的川泰宣**
日本宇宙航空研究開發機構榮譽教授
濱銀兒童宇宙科學館館長

圖片　**NASA**
美國航空暨太空總署

**JAXA**
日本宇宙航空研究開發機構

# 載送人員到ISS的重責大任，
# 俄羅斯「聯合號」一肩扛起

**太**空梭退役後，人員往返ISS的交通工具只剩下俄羅斯的聯合號太空船。因此，日本太空人要前往ISS時，一定得搭乘聯合號，在地面和ISS之間往返。ISS上頭始終保持最少有一架聯合號泊接著，做為緊急逃生之用。

與太空梭的外形完全不同。俄羅斯聯合號屬於沒有機翼的

「膠囊型」，是用過即丟型的太空船。

聯合號的研發肇始於美國和俄羅斯爭相進行太空開發的時代。第一次載人飛行是在1967年，歷史進程距今已超過50年。在這段期間，做過多次小改良，但大結構沒有變動，一直沿用到現在。最後的改良版編號「聯盟MS號」，1號機於

2016年發射，與ISS泊接，然後返回地球，順利完成任務。2019年9月第15號機與ISS泊接成功。俄羅斯目前正在開發最多可乘坐6個人的「聯邦號」（Federatsiya），做為聯合號的後繼機種，但外形與聯合號截然不同。

另外，還有一種專門運送物資的無人太空船，稱為「進展

**紮實緊密地收納在火箭前端**

上圖所示為聯合號收納到聯合號火箭裡的場景。2010年12月9日攝於哈薩克的拜科努爾太空基地（Kosmodrom Baykonur）。聯合號全長7.2公尺，直徑2.7公尺左右（聯合TMA）。這個大小只有太空梭機體部分（37.2公尺）的5分之1，最多可搭載3名乘員。

號」（Progress），型式和聯合號大同小異。聯合號為了載人，只能運送數百公斤的貨物，但進展號則能運送數千公斤的貨物。

　　聯合號和進展號都是利用「聯合號火箭」發射升空。

**古川所見的泊接場景**

下方相片為2011年11月2日，ISS乘員拍攝進展號即將與ISS泊接的場景。2011年8月24日，俄羅斯的進展號發射失敗，導致運送物資到ISS的任務延遲了2個月。當時，日本太空人古川聰駐留在ISS上。當相片中的進展號即將泊接之際，古川在推特上表示：「我預定支援俄羅斯同事塞爾格（Sergey）的操作任務」。

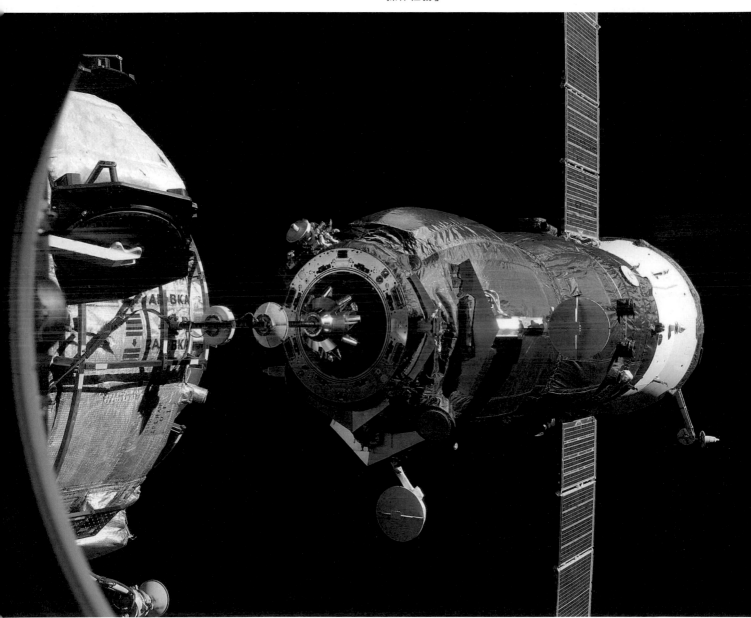

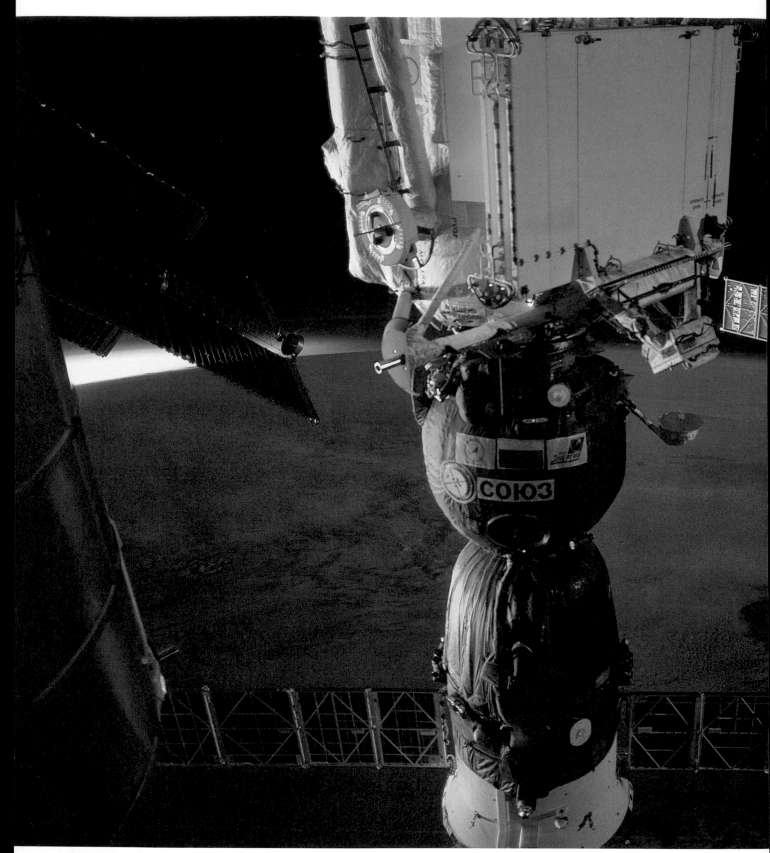

**值得紀念的「聯合號」和「進展號」合照**

這是2012年3月7日從ISS上所攝得的相片。事實上，這剛好是ISS乘員拍攝的第100萬張相片，近側是聯合號，遠側可看到進展號。兩者外觀十分相似，但進展號沒有設計返回地球的結構單元。

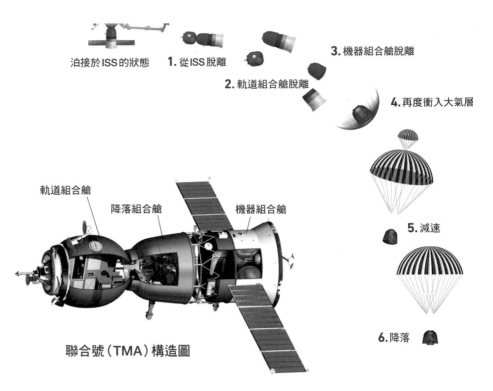

泊接於ISS的狀態　1.從ISS脫離

2.軌道組合艙脫離

3.機器組合艙脫離

4.再度衝入大氣層

5.減速

6.降落

軌道組合艙　降落組合艙　機器組合艙

聯合號（TMA）構造圖

### 使用降落傘返回

聯合號返回地球的時候，先從ISS脫離，然後機體分成三個部分。兩側的軌道組合艙和機器組合艙在大氣層中完全燒盡，只有中央的降落組合艙回到地面。衝入大氣層之後，使用降落傘減速，在即將落地之前，利用逆噴射落至地面。上方相片所攝得的，是2011年9月16日該組合艙落地之前利用逆噴射落至地面的場景。由於逆噴射的緣故，地面沙土飛揚。由於電池等零件壽命的關係，聯合號在太空能夠使用的最長期限為200天左右，因此每半年要和新的聯合號輪班一次。

# 負責運送大量物資的
# 日本「HTV」

**除**了前頁介紹的俄羅斯進展號之外，還需要可裝載更大量貨物，而且能夠載運大型裝置的大型運輸太空船。

負責這項重責大任的太空船，就是日本宇宙航空研究開發機構（JAXA）的「HTV」（白鸛號）。HTV是全長約9.5公尺，直徑約4.5公尺的圓筒形太空船，能夠載運6000公斤以上的物資。自2009年發射1號機開始，到2019年9月25日發射8號機，運送了大批物資到ISS。在同一時期，大小和HTV不相上下，也負責運送物資到ISS的，是歐洲太空總署（ESA）的運輸太空船「ATV」

（Automated Transfer Vehicle，自動運輸載具）。但是到了2015年2月14日，ATV的5號機完成最後一趟任務後，便退役了。

HTV是利用ISS附設的機械臂與ISS泊接。HTV和ISS泊接的部位（艙門）很大，所以能夠搬運大型的貨物。

JAXA已經發表了將運貨能力大幅提升的「HTV-X」（第139頁）開發計畫。HTV-X除了運送貨物之外，預定還將利用剩餘的空間配載觀測感測器等裝置，以便在太空進行實驗，以及進行與ISS自動泊接等新技術的測試。

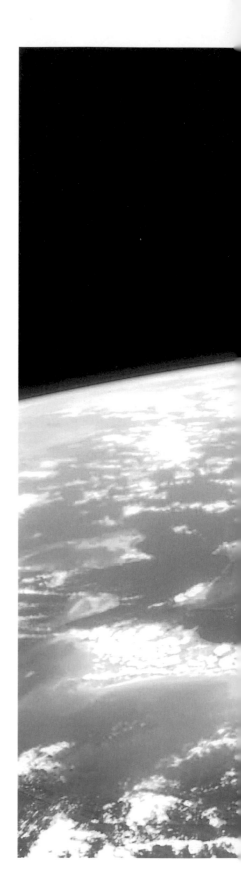

**ISS的機械臂抓著HTV**

右邊相片為2011年3月10日從ISS上拍攝得HTV-2（白鸛2號）再次泊接的場景。HTV包覆著宛如金色鋁箔的隔熱材。原本HTV是泊接在靠近地球這一側，但若是繼續在這裡與HTV泊接，將會妨礙太空梭打開貨艙門，無法取出待運貨物。因此，必須暫時把HTV移到另一側。上方相片所示為暫時移到另一側的HTV。這張相片是在重新泊接的3天前（2011年3月7日）拍攝而得，可以看到HTV泊接在遠離地球的一側。

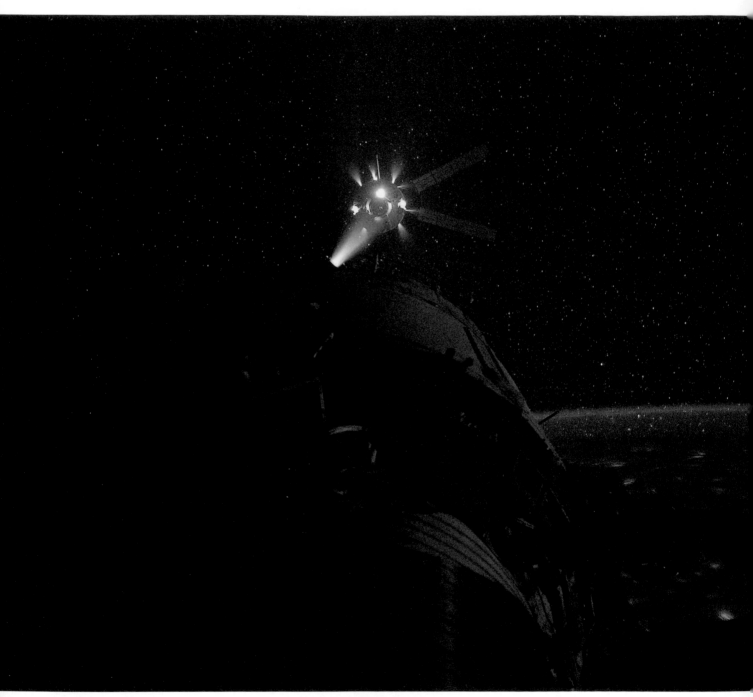

**正在接近ISS的ATV**

這張相片是2012年3月28日從ISS上所攝得ATV-3即將泊接的場景。相片中可看到
遠側逐漸接近的ATV和近側ISS的側面正噴出某種物質。這是小型推進器（動力裝
置）正在噴出燃料以便控制姿勢的場景。ATV的泊接採自動進行，所以這個推進器
的噴射也是自動控制。ATV的載運能力達到7600公斤，比HTV多出1600公斤。不
過，艙門的直徑只有80公分，比HTV（127公分）小，無法運載大型貨物。

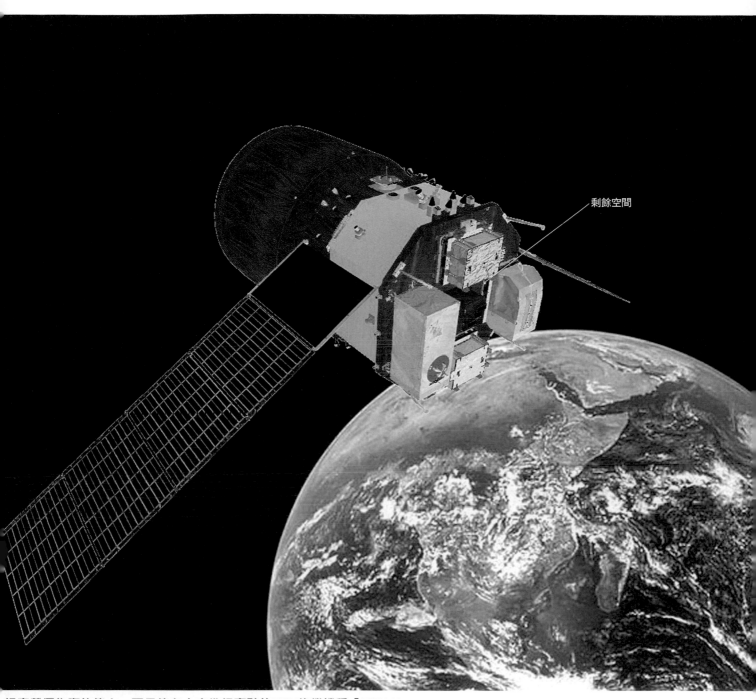

剩餘空間

## 提高載運物資的能力，而且能在太空進行實驗的HTV後繼機種「HTV-X」

上圖為目前JAXA開發中的新型太空船「HTV-X」。載運能力比以往的HTV大幅提升，能夠運到太空的物資重量增加1.5倍左右。而且，整個機體的重量也減輕了。此外，直到發射前一刻仍然可以搭載物資的服務能力也提升了。甚至，還打算利用剩餘的空間運載觀測感測器等裝置，以便在太空進行實驗。除此之外，未來太空探勘計畫的各種相關技術，例如與ISS自動泊接等等，也可以利用HTV-X進行測試。

此外，也正在開發小型回收膠囊艙，以便把ISS上進行實驗所獲得的珍貴樣本等等帶回地球。在脫離ISS之前，膠囊艙搭載於HTV-X上，在HTV-X的任務結束之前釋放出來，回收到地球上。

預定在2021年度，利用H3火箭發射1號機。

# 民間企業執行全球首次的 ISS 補給

**美**國SpaceX公司的太空船「天龍號」（Dragon），於2012年5月25日與ISS泊接成功。這是全球民間企業首創之舉。

5月31日，天龍號脫離ISS，載運460公斤左右的物資返回地球，順利完成任務。

天龍號具備下述能力，亦即可利用膠囊型太空船返回地球。太空梭退役後，具有返回地球之能力的太空船，只剩下俄羅斯的聯合號。因此，迫切需要能從ISS把實驗材料等物資運回地球的太空船。還有，2017年發射的11號機，是2014年曾經飛向太空返航的膠囊艙回收後再度使用。

2006年，NASA啟動了由民間企業運送物資到ISS的商業性計畫「COTS」（Commercial Orbital Transportation Services，商業軌道運輸服務），其中一項即為天龍號。後來，美國SpaceX公司獲得NASA在資金面及技術面的援助，進行開發天龍號及供發射用的火箭「獵鷹9號」（Falcon 9）。除此之外，美國SpaceX公司也正進行開發載人太空船「天龍2號」。2019年3月2日，獵鷹9號搭載著天龍2號的無人試驗機發射成功。

COTS也納入美國軌道科學公司（Orbital Sciences）這家企業，開發無人物資運輸機「天鵝座號」（Cygnus）。

**發射前的天龍號**

上方相片的場景為發射前正要將天龍號安裝到獵鷹9號火箭上，是2012年4月26日在美國佛羅里達州卡納維爾空軍基地拍攝而得。天龍號由2個組合艙構成，一個是經過加壓以便維持和地面大氣相同氣壓的膠囊艙，另一個是未經加壓的載貨貨艙。相片中央畫有天龍號標誌的組合艙為貨艙。其左側布丁形組合艙為膠囊艙。膠囊艙和貨艙的總長為5.2公尺，貨艙直徑為3.6公尺左右。

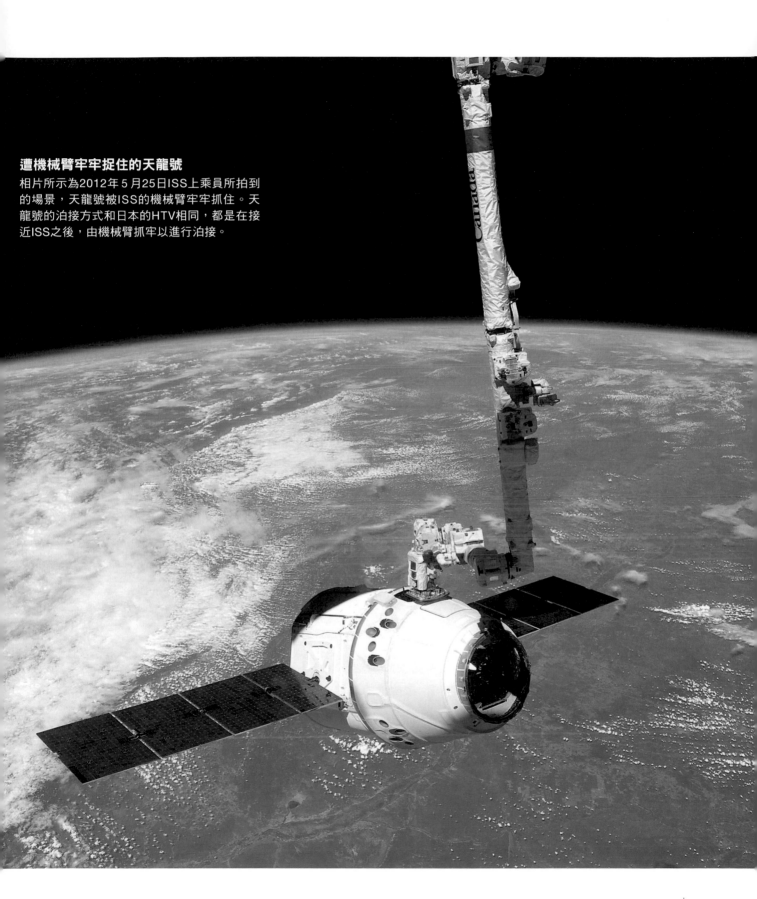

**遭機械臂牢牢捉住的天龍號**

相片所示為2012年5月25日ISS上乘員所拍到的場景，天龍號被ISS的機械臂牢牢抓住。天龍號的泊接方式和日本的HTV相同，都是在接近ISS之後，由機械臂抓牢以進行泊接。

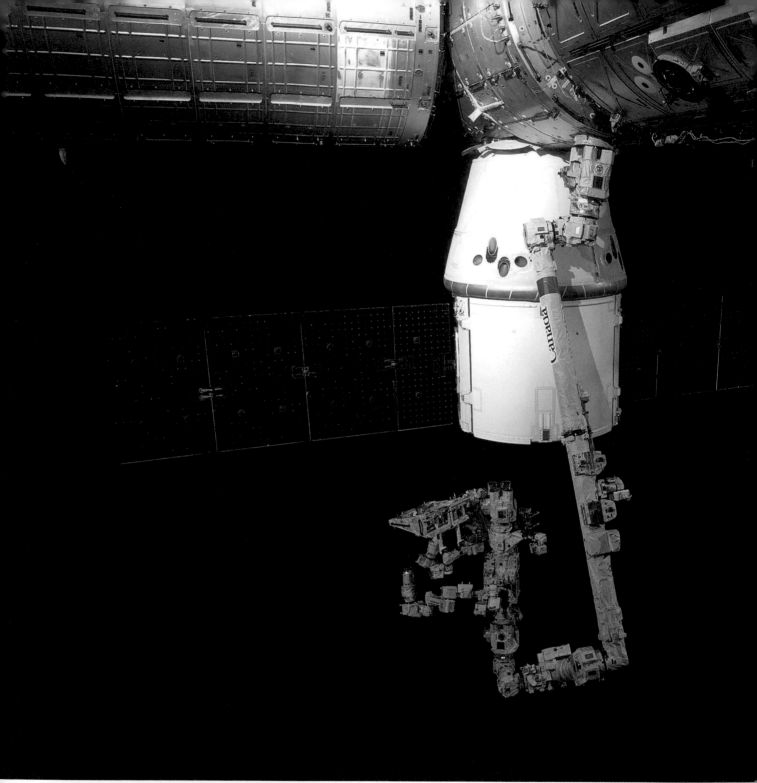

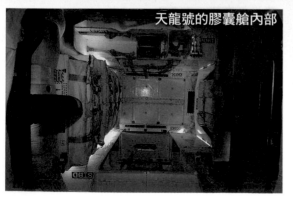

天龍號的膠囊艙內部

### 歷史性的泊接

相片所示為2012年5月25日ISS上乘員所拍到與ISS泊接的天龍號身影。泊接的位置也和HTV相同。太空梭退役之後，美國唯有仰賴外國協助輸運之需，有了天龍號，就能再度由自己國家運送物資了。

### 落在海面上的膠囊艙

天龍號脫離ISS之後,分拆成膠囊艙和貨艙,只有膠囊艙回到地面上。天龍號和聯合號一樣,衝入大氣層之後,利用降落傘減速。不過,聯合號降落在陸地上,天龍號則降落在海面上。上方相片為2012年5月31日所拍攝的畫面,是天龍號的膠囊艙落水後漂浮在海面上的場景。由於衝入大氣層之際蒙受高溫,致整個艙體烤成焦黑色。看似大裂縫的深溝是收納在膠囊艙內的降落傘彈張時劃破的痕跡,不是發生事故所造成的。之後,膠囊艙由海上船艦收回。

### 構想中的載人型膠囊艙

上方相片為載人型天龍號(天龍2號)膠囊艙模型內搭載乘員的場景,此款型美國SpaceX公司正極力開發中。天龍號具有返回地球的能力,所以易於發展為載人的應用。目前,能夠載送人員飛往ISS的太空船只有俄羅斯的聯合號,一次最多只能載送3名人員。如果這個載人型天龍號能夠開發成功,便能像相片所示一般,載送7名乘員往返ISS。天龍2號於2019年3月進行測試,完成首次無人飛行前往ISS泊接並返回地球的任務。但同年4月,於進行飛行途中逃生測試(無人)時發生爆炸事故,因此,逃生測試和載人飛行都未能依照當初的排程正常實施。

143

# 中國的載人太空船泊接成功

**在** 美國SpaceX公司完成與ISS泊接的任務大約1個月後，中國也傳出其太空史上的捷報。

2012年6月18日，中國的載人太空船「神舟9號」和太空站實驗機「天宮1號」泊接成功。在此之前，只有美國和俄羅斯擁有載人太空船在太空泊接的經驗。

神舟號的構造和俄羅斯的聯合號十分相似，於1999年發射1號機，迄今完成了5次無人飛行和6次載人飛行。另一方面，天宮1號則是於2011年9月發射的實驗機，大小和HTV不相上下。

中國計畫在2020年之前完成自己的大規模太空站「天宮號」。建造方式是把許多個像天宮1號這樣的組合艙泊接起來，組合成一個更大的太空站。

若要達成這個目標，就必須具備載人的泊接技術。神舟9號首先在6月18日進行與天宮號的自動泊接。其後，在6月24日暫時脫離，改由太空人以手動操縱模式再度泊接，以確認建造太空站時所需的技術。這次的成功，可以說是離中國實現太空站又邁進了一大步。

神舟9號除了載人泊接成功之外，乘員之一為女性，也成為矚目焦點。她是中國太空史上第一位飛向太空的女性。

2016年，能夠進行更多樣化實驗的天宮2號發射升空。2名太空人搭乘神舟11號前往天宮2號，在上頭駐留了大約1個月的時間。2017年，無人補給機「天舟1號」完成了3次飛往天宮2號的補給實驗。

### 神舟9號發射
2012年6月16日，神舟9號利用「長征2F號」火箭發射升空。發射場地和以往的神舟號一樣，都是在中國西北部的甘肅省「酒泉衛星發射中心」。

### 中國歷史上第一位飛到太空的女性
相片所示為發射前神舟9號降落組合艙艙內的場景。艙內構造也和聯合號十分相似。相片中最右側的乘員是中國歷史上首位飛向太空的女性劉洋。劉洋原本為飛行員，接受太空人訓練只有2年左右的時間。

### 手動方式泊接

　6月24日，神舟9號和天宮1號以手動方式泊接成功。左邊為神舟9號身影，當天宮1號機以手動的操縱方式逐漸靠近時，機上配備的錄影機拍下這個鏡頭。全部乘員都在神舟9號上，從距離400公尺左右的地方開始進行手動泊接。泊接是一項不容許失敗的作業，萬一失敗，甚至造成泊接裝置變形，將導致無法正常泊接。全部乘員都留在神舟號上，是為了萬一泊接失敗可以直接返回地球。

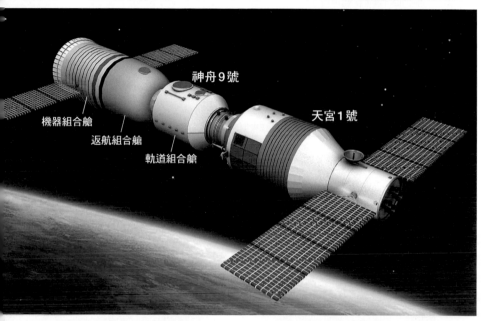

機器組合艙
返航組合艙
神舟9號
軌道組合艙
天宮1號

### 神舟9號和天宮1號泊接的場景想像圖

　神舟9號和聯合號一樣，為採取三個組合艙結合而成的構造。中國加上自己的設計，讓軌道組合艙脫離返航組合艙之後仍然留在軌道上，可以當成小型的太空實驗室，用來收集資料。另一方面，天宮1號是全長10公尺左右的實驗機，配備了可供3名太空人同時駐留的生活設施。不過，實際上，截至當時為止，還沒有任何太空人在天宮1號生活過。這次3名太空人從6月18日自動泊接至29日返航的這段期間，在天宮1號上度過，屬首度嘗試。天宮1號能和地面進行影像通訊，可以隨時把天宮1號的生活情景傳回地球。

### 平安返回地球

　神舟9號於2012年6月29日剛返回內蒙古自治區時的場景。在地面待命的醫療小組進入返航組合艙，確認3名太空人的健康狀態。神舟號的返航方式和聯合號相同。返航組合艙衝入大氣層之後，打開降落傘減低速度，即將落地時利用逆噴射而降落於地面。3名太空人的健康狀態良好，長達14天的任務圓滿落幕。

# 人類登陸火星，邁向任何人都能從事太空旅行的時代

美國民間企業的太空船與ISS泊接成功、中國的載人太空船與無人太空站實驗機泊接成功……，太空開發的領域陸續傳出歷史性的新頁。未來，到底又會出現什麼樣的太空船呢？

NASA目前正在開發載人上太空的太空船「獵戶座號」。日本方面，則不僅運送物資到ISS的HTV屢創佳績，同時也正開發運送能力提升且具備新機能的「HTV-X」。此外，目前也正在構思能夠揹著載人太空船飛航的大型高速噴射機「太空飛機」，待噴射機和太空船在高空分離之後，噴射機返回地面，太空船則利用火箭推進器航向太空。藉由這個方法，兩個機體都能夠重覆使用，是一種比以往的火箭更具經濟性的載人運輸系統。

熟悉全球太空開發動向的JAXA榮譽教授的川泰宣說：「今後太空開發很重要的信念是，對於邁向任何人都能輕鬆前往太空旅行的時代要懷抱著願景。」或許你會以為這是癡人說夢，然而，由民間企業開發太空船的想法，在不久之前也曾經是困難重重，而如今雖說有NASA的支援，不也成功實現了！

人類登陸火星，而且任何人都能從事太空旅行的時代，或許在不久的未來就會實現！ ☄

## 探索深太空的「獵戶座號」

NASA打算委託民間進行地球環繞軌道的載人運輸，並且開發探索深太空的太空船。右圖為NASA正在開發的太空船「獵戶座號」的想像圖。這架膠囊型太空船的膠囊艙直徑大約5公尺，可搭載4名太空人。2014年開始進行發射無人獵戶座號的飛行試驗。到達距離地球5800公里的軌道（ISS為400公里左右）上，環繞地球2周，再度衝入大氣層，平安返回地面。事實上，這是自阿波羅17號以來，相隔40年後，第一架離開地球到達如此遙遠的地方又返回地球的太空船。預定2020年進行無人飛行。

獵戶座號

## 邁向首次飛行

相片中的不是模型，而是實際發射到太空進行試驗飛行的獵戶座號膠囊艙。在美國路易斯安那州米修德裝配工廠（Michoud Assembly Facility）攝得。由於離開地球相當遙遠，所以在2014年進行試驗飛行返航時，是以時速大約4萬公里衝入大氣層，比聯合號快了8000公里左右。根據計算的結果，以這個速度衝入大氣層，溫度將上升到2200℃左右。獵戶座號的膠囊艙必須保護乘員不受如此超高溫的傷害，所以不斷反覆地進行各式各樣的試驗。這個膠囊艙於2012年6月28日移送到佛羅里達州的「甘迺迪太空中心」（John F. Kennedy Space Center），進行最後的裝配和試驗。

## 迷你太空梭

NASA不僅委託民間企業運送物資，也打算委由民間運送人員。目前，美國SpaceX公司和著名的飛機廠商波音公司等企業，正在NASA的援助下開發載人的太空船。右方照片為內華達山脈公司（Sierra Nevada Corporation）正在開發的「逐夢者號」（Dream Chaser）於2012年5月29日進行滑翔試驗的場景。這是項由直升機吊掛實物大的模型，觀察太空船滑翔狀況的試驗，以確認機翼的設計是否適切。和太空梭一樣，是以滑翔的方式降落在一般的機場，所以滑翔的性能非常重要。

下方相片為2017年5月逐夢者號在NASA阿姆斯壯飛行研究中心（Armstrong Flight Research Center）的跑道上準備試驗的場景。到了11月，滑翔和降落的試驗都成功。這架以「追逐夢想的人」來命名的太空船，按NASA計畫目前所開發的款型當中，是唯一非膠囊型的太空船。長約10公尺，比太空梭小了很多，運送物資的負載遠遠比不上太空梭，但是運送人員的能力毫不遜色，最多能夠搭載7名乘員，只比太空梭少1名。預定2021年開始為ISS運送物資。

## 能將人和物資自由組合運送的「星際航班」

波音公司的「CST-100」是接受NASA贊助而進行開發的載人太空船。2015年命名為「星際航班」（Starliner）。星際航班設計成能夠在地面和ISS之間往返，以便把人員和物資運送到ISS的太空船（左圖為星際航班的想像圖）。最多能運送7名乘員，但能夠把人員和物資做適當的搭配，自由選擇運送的組合，最多可重複使用10次。與ISS泊接等航行中的一切作業，都採自動方式操控。此外，這架太空船在製造過程中不採用熔接作業。

於2019年12月完成了前往ISS的無人飛行實驗，預計在2020年進行載人飛行。

# 擔負重任將物資運送到太空站的大型火箭

日本太空開發主力的H-ⅡA火箭，其加強版「H-ⅡB」已經連續發射9次成功，極高的可靠度和按時發射的準時性，獲得全球一致好評。現在，運送物資到國際太空站的「HTV」，將由這型火箭負責送上太空。

日本的大型主力火箭「H-ⅡA」之發射能力大幅提升的「H-ⅡB」，於2009年9月發射了試驗機（1號機）。其後，截至2020年5月21日的9號機為止，大致上每年會成功發射一次，向全世界展示日本的高超技術力。H-ⅡB是日本宇宙航空研究開發機構（JAXA）和三菱重工業公司共同開發的成果。

H-ⅡB目前負責發射太空站補給機「HTV」（暱稱白鶴號），運送物資到國際太空站（ISS）。HTV的總重量達到16.5公噸，所以需要具有高發射能力的H-ⅡB。以H-ⅡB的能力，若需要運送物資到月球表面，甚至送出探測器到比木星還更遠的深太空時，都能派上用場。

H-ⅡB和H-ⅡA一樣，屬於2節式構造。首先利用第一節液態燃料火箭推進器和固態燃料火箭輔助推進器的燃燒發射升空之後，固態燃料火箭輔助推進器及包括燃料槽在內的第一節機體等構件依序脫離。接著，點燃第二節液態燃料火箭推進器，在目標軌道上與HTV分離。

H-ⅡA的第一節液態燃料火箭推進器LE-7A只有1具，而H-ⅡB則配備了2具LE-7A，藉此獲得更高的推力。而且，H-ⅡA的基本型有2具固態燃料火箭輔助推進器，而H-ⅡB則配備了4具，使得發射能力更加提升。

H-ⅡB搭載HTV的9號機發射成功之後，接下來，打算交棒給預定2020年度進行首次飛行的新世代H3火箭。

協助　有田誠
日本宇宙航空研究開發機構
H3計畫小組副經理

**第一節推進器（LE-7A）**
配備2具和H-ⅡA一樣的液態燃料火箭推進器LE-7A，可產生更高的推進力。把第一節液態氫槽和第一節液態氧槽供應的液態氫和液態氧混合後燃燒，藉此獲得推力。一般而言，液態燃料火箭的構造複雜，處理麻煩，但優點是性能比較高，並且可做細微的控制。

**電力系統等配線穿過的部分**

**第一節液態氫槽**
存放第一節推進器的燃料液態氫（約負253℃）。H-ⅡA第一節燃料槽的直徑為4公尺，H-ⅡB第一節燃料槽的直徑放大到5.2公尺，長度也拉長了1公尺，搭載量增加約1.8倍。

**供液態氧通過的配管**

**固態燃料火箭輔助推進器（SRB-A）**
H-ⅡB配備了4具和H-ⅡA相同的固態燃料火箭輔助推進器，藉此獲得高推力。使用在聚丁二烯（polybutadiene）系燃料中混入氧化劑和鋁粉製成的固態燃料。一般來說，固態燃料火箭一點燃就會猛烈燃燒，較難做到細微的控制，不過它的構造單純，可靠度高，並且能獲得龐大的推力。

註：為了呈現H-IIB的整體樣貌，插圖呈現火箭沒有任何構件脫離的狀態。實際上，在65公里的高度，固態燃料火箭輔助推進器會率先脫離。

## 衛星整流罩
用於發射時保護衛星的外罩。鋁製的輕量構造，發射HTV時會採專用的大型整流罩。

## 第二節引導控制電腦
掌握火箭整體的飛行控制，並進行計算等作業的電腦，可引導火箭正確投入目標軌道。

## 第一節
## 液態氧槽
存放液態氧（約負183℃），供給第一節推進器。

第二節液態氫槽

第二節液態氧槽

## HTV（白鸛號）
無人太空站補給機。運送物資到國際太空站。全長約10公尺，最大直徑4.4公尺的圓筒形，發射時的質量約16.5公噸，能運載大約6公噸的補給物資。

## 第二節推進器（LE-5B）
使用和H-IIA相同的液態燃料火箭推進器LE-5B。和第一節推進器LE-7A相比，推力只有8分之1，構造也比較簡單。此外，推進器具有能夠分2次燃燒的「再點火機能」，因此，能夠把多個衛星投入不同軌道，或是在慣性飛行後又提高速度，投入地球同步移轉軌道及月球移轉軌道等較高的軌道。自H-IIB的2號機之後，也利用這個機能進行逆噴射，使第二節機體掉落在安全的海面上，以免成為太空垃圾（space debris）。

## 隔熱材
液態氫和液態氧必須保存在低溫狀態，因此儲存槽的周圍需用發泡性隔熱材包覆起來，此即聚異氰脲酸酯泡棉（polyisocyanurate foam，橙色部分）。

## 第一節引導控制電腦
掌控第一節火箭飛行的電腦。

### H-IIA 和 H-IIB 的比較（右圖）

|  | H-ⅡA（H2A202） | H-ⅡB |
|---|---|---|
| 長度 | 53公尺 | 57公尺 |
| 質量 | 289公噸 | 531公噸 |
| SRB-A | 2具 | 4具 |
| 發射能力（GTO[※1]） | 4公噸 | 8公噸 |
| 發射能力（HTV軌道[※2]） | ─── | 16.5公噸 |

※1：GTO（Geostationary Transfer Orbit，地球同步移轉軌道）：人造衛星在進入同步軌道之前，利用火箭投入的橢圓軌道。近地點高度為200～300公里，遠地點高度為3萬6000公里。

※2：HTV軌道：HTV在飛往國際太空站之前，利用火箭投入的橢圓軌道。近地點高度為200公里，遠地點高度為300公里。

H-ⅡA（H2A202）

H-ⅡB

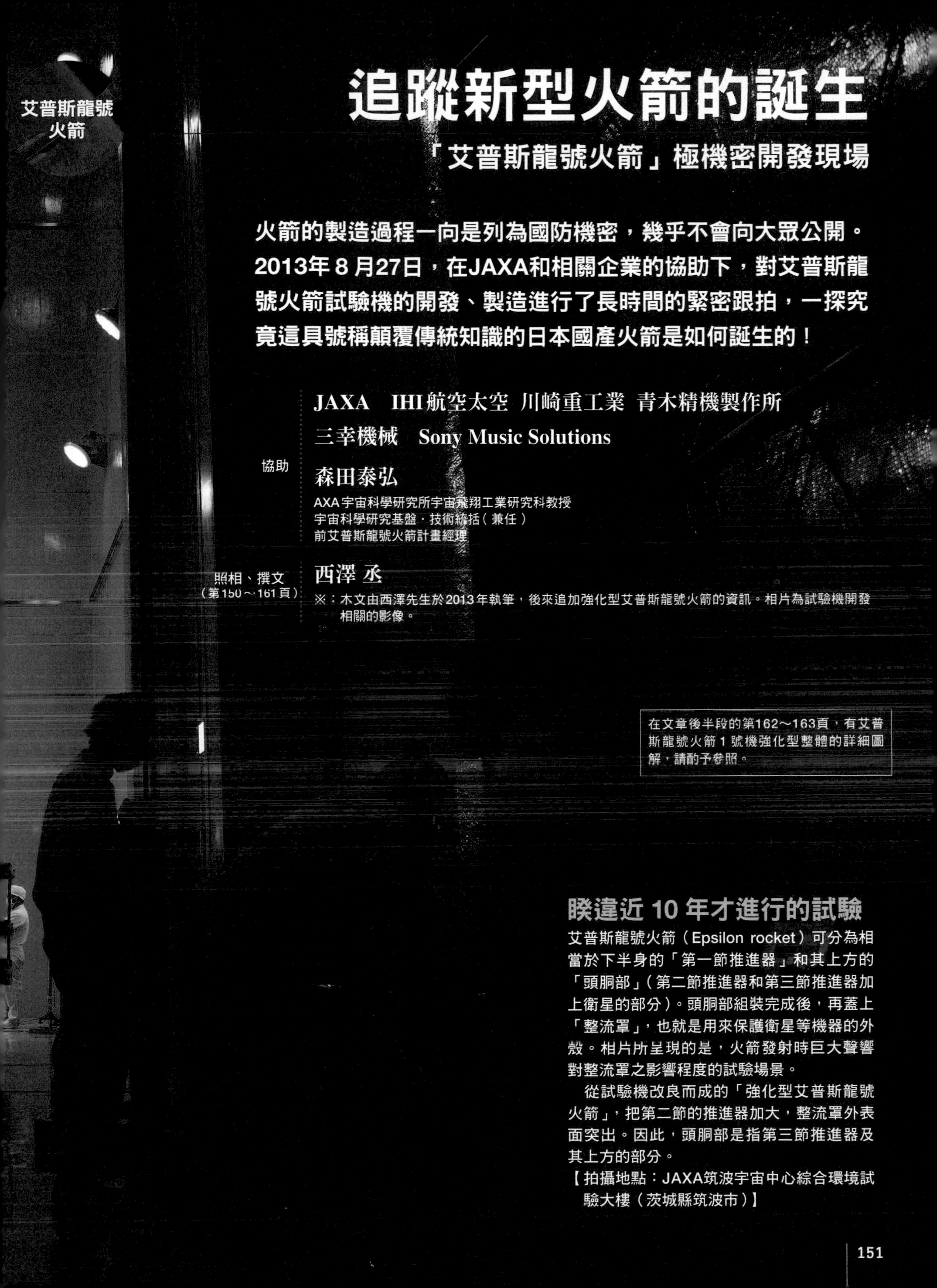

# 追蹤新型火箭的誕生

## 「艾普斯龍號火箭」極機密開發現場

火箭的製造過程一向是列為國防機密，幾乎不會向大眾公開。
2013年8月27日，在JAXA和相關企業的協助下，對艾普斯龍
號火箭試驗機的開發、製造進行了長時間的緊密跟拍，一探究
竟這具號稱顛覆傳統知識的日本國產火箭是如何誕生的！

協助　
JAXA　IHI航空太空　川崎重工業　青木精機製作所
三幸機械　Sony Music Solutions

森田泰弘
AXA宇宙科學研究所宇宙飛翔工業研究科教授
宇宙科學研究基盤・技術統括（兼任）
前艾普斯龍號火箭計畫經理

照相、撰文
（第150～161頁）　
西澤 丞
※：本文由西澤先生於2013年執筆，後來追加強化型艾普斯龍號火箭的資訊。相片為試驗機開發
　　相關的影像。

在文章後半段的第162～163頁，有艾普
斯龍號火箭1號機強化型整體的詳細圖
解，請酌予參照。

### 睽違近 10 年才進行的試驗

艾普斯龍號火箭（Epsilon rocket）可分為相
當於下半身的「第一節推進器」和其上方的
「頭胴部」（第二節推進器和第三節推進器加
上衛星的部分）。頭胴部組裝完成後，再蓋上
「整流罩」，也就是用來保護衛星等機器的外
殼。相片所呈現的是，火箭發射時巨大聲響
對整流罩之影響程度的試驗場景。

從試驗機改良而成的「強化型艾普斯龍號
火箭」，把第二節的推進器加大，整流罩外表
面突出。因此，頭胴部是指第三節推進器及
其上方的部分。

【拍攝地點：JAXA筑波宇宙中心綜合環境試
驗大樓（茨城縣筑波市）】

# 起點從一個
# 鈦金屬塊開始

**我**們不只想在寬廣的工廠中參觀組裝火
箭的場景，也想一窺從零開始打造零
件的現場，因此前往城鎮中的小工廠。有些
廠位於住宅區一角，有些廠甚至座落於田野
中，外觀看去只不過是一家極其普通的金屬
加工廠罷了。

火箭上頭為了因應各種用途而採用各式各
樣的材料。光是金屬材料，就有鈦、鋁、特
殊鋼等等，不一而足。金屬零件為了達到輕
盈強固的要求，有許多是從一個金屬塊以切
削等工法製造成複雜的形狀。其中，最難加
工的金屬材料是鈦。因為它雖然又輕盈又堅
固，但也很硬。

切削的動作可以透過程式驅動機械自動施
工。但實務卻不然，例如為了水平切削，特
地把刀刃在垂直方向的移動量設定為「0」，
可是在切削的過程中，刀刃會逐漸磨耗，因
此刀刃尖端的位置會一點一滴地往上移動，
無法達到平整的要求。為了修正這個誤差，
著實費了一番工夫。

還有，火箭的零件要從金屬塊何處開始切
削也很重要。如果切削的順序錯誤，可能導
致材料無法確實固定，因而造成精確度不足
等等問題。

這些問題在按下機械的「開動」鍵之前，
都必須先解決才行。在施工現場，有「準備
占八成，施工占兩成」的名言，這個切削前
的準備工夫，正是各家公司的訣竅所在。

**特殊鋼的加工**
在包覆第一節推進器上端的「前封蓋」
（closure forward）上鑽鑿螺栓安裝孔。
相片右上蛇腹狀管子流出乳白色液體是冷
卻用的油脂。使用在右下看到的專用器具
固定零件，進行垂直方向的加工。
【拍攝地點：三幸機械（群馬縣高崎市）】

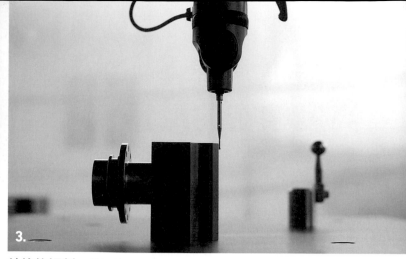

**鈦塊的切削** 從圓筒形鈦金屬塊（**1**）開始，經過數道切削工序（**2**），最後以人工和三維測定器進行檢查（**3**）。這一系列相片所拍攝的零件是點火裝置的一部分，同時也可看到在內之浦宇宙空間觀測所進行組裝作業的情形。【拍攝地點：青木精機製作所（東京都練馬區）】

# 火箭是高度精密的機器

**在** 製造單個零件的工廠內，到處都可看到一些奇形怪狀的東西，如果事先不知道那是火箭用的，根本看不出究竟。不過，在這個IHI航空太空富岡事業所（群馬縣富岡市）中，作業員正以手工的方式將新零件逐個組裝到某個裝置上，倒是連外行人也看得出來這是火箭的一部分。

這些零件都是精密機器，在組裝的時候必須非常細心謹慎。例如，作業員在作業中，手腕和腳踝一定要連接消除靜電的接地線。

纜線的配置也是設計的一部分。燃料燃燒時產生的壓力會使機體膨脹，因此必須計算可能的膨脹程度，有些地方得預留緩衝的空間。主要的線路都做雙重配置，以防發生意外狀況。

此外，艾普斯龍號火箭總共分為三節，各節推進器（產生推進力的裝置）之中，第二節和第三節推進器的噴嘴（噴射口）採用各節分離之後才伸出來的構造，稱為「伸展式噴嘴」。

其點火方式也是一大特色。一般的固態燃料火箭是從燃料上方點火，而艾普斯龍號火箭所採用的方式則是從燃料下方點火，並在點火後拋棄點火裝置。這種方式的優點在於能夠減輕重量，而且可以把燃料往上裝填。

強化型艾普斯龍號火箭一方面藉由推進器箱的輕量化等等以求提升性能，另一方面，則為了降低成本而廢除伸展式噴嘴和第二節的後方點火方式。

**內側面的嚴謹作業**

相片顯示，工作人員把通電組件安裝在第一節推進器下方的環狀零件上。在連接各個零件的時候，即使是在明亮的室內作業，也一定要使用手電筒等照明設備，確認形狀是否正常，或是有沒有摻雜異物等等。

這樣的組裝作業，除了實際施作的人員之外，還有許多肩負不同工作性質的人員參與其中，例如監督作業是否依照程序進行，或是記錄並拍攝作業場景，以及管理作業現場安全等等人員。

**火箭獨具的噴嘴** 相片中的裝置擺設方向和發射時上下相反，黑色部分為第二節推進器之伸展式噴嘴（噴射口）的一部分。其下方的金屬部分裝設了「致動器」（actuator），這是用來改變噴嘴方向的棒狀精密構件。最下方的巨大白色部分是運送用容器的一部分。

"0"
107C344009-1
質量：785kg

**艾普斯龍號火箭的大腦** 最大的特徵是具有火箭可自行檢查裝置的機能（中央白色機器）。

**高度精密的機器** 第三節推進器和「第三節機器搭載區」，這個部分與小型液態燃料推進系統的控制有關，也是為因應載貨所需而運用這種推進系統，所以這裡的配線特別複雜。

# 實施無數次的試驗以求萬全

這次首度目睹火箭的製造過程，發現試驗所耗的時間非常地漫長，包括準備期間在內也是如此。

費時是有理由的。如果是一般的工業製品，可以先做出試製品，反覆進行試驗，直至達到所需標準為止。但火箭只能使用一次，沒有辦法事先發射看看，必須先把各種狀況鉅細靡遺地全都設想清楚，才能進行試驗。尤其此次所見，因為是第一架試驗機（1號機），所以試驗項目很多。新設計的整流罩須經各種測試檢驗就是一個例子。

如果是帶有動作的試驗，並不是單純地做出動作就行了。在試驗過程中，還必須設置許多部照相機做高速攝影，俾於實驗後進行詳細的分析，以便確認各個部分的動作是否正

**打開「頭部」**
發射後，整流罩會在空中脫離而與機身分開。這是新的設計，必須進行各式各樣的測試與檢驗。這是為了確認脫離時的動作而施行的「脫離拋棄試驗」。引爆配置於脫離面的火藥，切斷固定用的螺栓，再利用彈簧的彈力脫離。

為了預防萬一，火藥配置了兩個系統。但並不是在一個系統發生問題後才使用另一個系統，而是兩個系統同時運作。還有，在進行引爆火藥的試驗時，人員不能靠近，所以這次試驗使用無人照相機拍攝。
【拍攝地點：川崎重工業播磨工廠（兵庫縣加古郡）】

確，以及各個動作的時機是否精準等等。

　　這裡介紹的相片，主要是以「圖畫」的形式呈現比較容易理解的動作性試驗，但是比較靜態與電之性質相關的試驗，也就是測試有沒有通電、測量電阻值是否正確、實際發出指令確認是否按指令動作等等，這些試驗也相當耗費時間。

**脫離試驗後施行目視檢查**
第二節推進器（上）和第三節推進器（下）由兩個半圓形零件固定，並在接合部裝填火藥。藉由爆炸切斷後，利用彈簧的彈力脫離。【拍攝地點：JAXA相模原營區（神奈川縣相模原市）】

**以懸吊方式送往試驗室**
為了確認整流罩能否保護衛星不受發射時的巨響所影響，對整流罩實際加上聲音進行試驗。本圖所示為試驗前準備作業時的場景。把麥克風裝設在整流罩裡面，送入配備厚重門扇的房間內施行試驗。相片中央，整流罩側面的滑軌部分是連接供應電力之臍帶（umbilical）（詳見第160頁）的位置。
【拍攝地點：JAXA筑波宇宙中心綜合環境試驗大樓（茨城縣筑波市）】

利用艾普斯龍號火箭試驗機送往太空的人造衛星「SPRINT-A」（Small scientific satellite Platform for Rapid Investigation and Test-A，行星分光觀測衛星，暱稱火崎號）在無塵室內進行組裝。所謂的無塵室，是特意把塵埃消除到非常微量的特殊房間。必須穿著防護衣和帽子以防止靜電，也要戴上口罩以防止飛沫，並且要先通過除塵裝置才能進入房間內。

這具SPRINT-A搭載著全球第一架行星觀測專用的太空望遠鏡（詳見第163頁）。此外，它沒有裝載推進用的燃料，而是利用制動輪（reaction wheel）這種裝置來控制姿勢。

【拍攝地點：JAXA相模原營區宇宙科學研究所（神奈川縣相模原市）】

# 困難抉擇接踵而至的衛星開發

以往日本國產固態燃料火箭的系統，是把衛星投放到大致的軌道上，然後由衛星本身微調位置。但是艾普斯龍號火箭也能因應目的搭載可做微調的液態燃料推進器，因此減輕了衛星的負荷，同時也降低了製造衛星的門檻。

在拍攝過程中，我們找了個機會向SPRINT-A計畫經理澤井秀次郎副教授請教。最困難的事項似乎在於，即使是在判斷資料不足的階段，也必須分析過去的事例及數據，對下個步驟做出認為最合適的判斷。

例如，SPRINT-A的望遠鏡裝設有防塵蓋，但也可以在開閉式「百葉板」之裝設與否做選擇。若選擇裝設，雖然能使塵埃的侵入減到最小限度，但也有到了太空之後無法打開「百葉板」的風險。類似這樣的抉擇，真可謂接踵不斷。

（上）仰視構造非常纖細的「後推進節」（post boost stage）。可因應目的而搭載之第三節的小型液態燃料推進系統，就是安裝在這個部分。球狀構件為液態燃料槽。強化型則是把燃料槽統合為一個，以提高可靠度。【拍攝地點：川崎重工業播磨工廠】

（左方2張）整流罩（最左方相片為曾實際飛上太空的飛行模型）是在蜂巢狀之「蜂窩夾心板」（honeycomb core）雙面黏貼鋁板的三明治構造。而且，整個外側面都貼上白色的隔熱材。【拍攝地點：川崎重工業播磨工廠】

# 運往發射場，發射升空！

內之浦是一個安靜的小漁港，位於發射艾普斯龍號火箭的內之浦宇宙空間觀測所（鹿兒島縣肝付町）北方一隅。最大的構件第一節推進器從位於種子島的製造工廠裝上船，運送到這個小漁港來。且讓我們來看看將它搬上岸時的場景！

當天飄著毛毛細雨，不過作業照常進行。首先，把兩輛像蜈蚣一樣裝有許多輪子的卡車連結在一起。連結完成之後，裝載著吊車的海上作業用駁船駛入港內。然後，載著推進器的船隻終於抵達。

駁船上的吊車承載荷重的時候，可以看到它明顯地傾斜。這是一個必須十分謹慎處理的重要構件，所以把它從船上卸下來的時候，在場所有人都非常緊張。從一大早就展開的上岸作業，轉眼之間就到了夕陽西下的時分。像這樣，每次完成才能放下胸中大石頭的作業，要反覆做好多次，一步步地把火箭推向發射的階段。

（上）把第一節推進器吊放到拖車上的平台。推進器裝在專用容器裡。

（左）發射場「M 台地」的全景。左邊可以看到灰色的整備塔和紅色的發射台，這是一組發射裝置。右邊的大型建築物是火箭裝配大樓。

（右）供應乾淨空氣給衛星的銀色空調氣管和通訊用的黑色纜線合稱為「臍帶」。可以藉由火箭升空之際的力平順地鬆開。臍帶是用絞盤拉著，事先會施行脫離試驗。

**利用仿真火箭進行演練**
使用鋼鐵和混凝土製作相同大小及重量，重現艾普斯龍號的仿真火箭進行測試，檢視修改後的發射台能否順暢地旋轉。雖然是仿真，但是看到整備塔打開大門推出發射台的剎那，讓人更加期待真正發射的一刻。發射當天的情景，將在第166頁詳細介紹。

# 鉅細靡遺，完全圖解！
# 艾普斯龍號火箭的全貌與發射流程

**艾**普斯龍號火箭1號機於2013年的9月14日從內之浦宇宙空間觀測所發射。在此介紹其整體樣貌。艾普斯龍號火箭的「前身」是號稱世界最高性能的固態燃料火箭「M-V」（2006年停用），並且

運用了目前仍活躍中的液態燃料火箭「H-IIA」和「H-IIB」技術。結果把實際機體的成本降低到只有M-V的一半（約38億日圓），並且把發射能力（投入環繞地球的低軌道為1.2公噸）維持在M-V的3分之2。🪐

**第1節推進器** 第152～153、154、160頁占了將近全長的一半，消耗全部推進劑量的80%左右。光靠第一節的燃燒和其後的慣性運動，就能超越100～150公里的高度，到達太空。
　同時也運用安裝於H-IIA和H-IIB下部側面的固態火箭推進器。2003年11月H-IIA的6號機發射失敗的原因在於SRB-A的噴嘴，但已經改良完成。

**固態推進器側噴射器SMSJ**
（Solid Motor for Side Jet）
新開發的姿勢控制用輔助推進器。以往，相同的裝置只能往左右兩個方向噴射，所以為了能自如地控制火箭整體姿勢，必須在不同位置裝設4個裝置。這次只需2個裝置就能往3個方向噴射。

第1節

EPSILON

**推進劑** 使用和M-V相同的推進劑。主要成分為聚丁二烯（polybutadiene，合成橡膠）和高氯酸銨（ammonium perchlorate）。將來會開發更容易成形的推進劑。

本表所列火箭分別為艾普斯龍號火箭、2架具有代表性的日本國產火箭、具有競爭關係的歐洲太空署「織女星號」（和艾普斯龍號火箭同為發射500公斤以下的小型衛星）。
　表中發射能力的「低軌道」是指高度250～500公里左右的環繞軌道，「太陽同步軌道」是指軌道面與太陽方向保持一定角度的軌道，它的高度，以艾普斯龍號火箭來說是大約500公里，織女星號則設定為大約700公里。根據報導，織女星號的發射費用每具約為4600萬美元～約5900萬美元。

SRB-A

| | 艾普斯龍號火箭試驗機 | 艾普斯龍號火箭強化型（下表數值為強化型） | M-V（停用） | 織女星號 | H-IIB |
|---|---|---|---|---|---|
| 長度 | 26.0公尺 | 30.8公尺 | 30.1公尺※1 | | 56.6公尺 |
| 直徑（第一節） | 2.6公尺 | 2.5公尺 | 3公尺 | | 5.2公尺 |
| 燃料（節數） | 固態燃料（第1～3節）+液態燃料（最末節） | 固態燃料（第1～3節）+固態燃料（第4節） | 固態燃料（第1～3節）+液態燃料（最末節） | | 液態燃料（第1～2節） |
| 發射能力 | 低軌道1.2公噸以上 太陽同期軌道590公斤 | 低軌道1.8公噸 — | 低軌道2.3公噸 太陽同步軌道1.5公噸 | | HTV軌道※2 16.5公噸 同步移轉軌道※3 8公噸 |

※1：目前的形態。織女星號可因應積載物而採取多種不同的形態。
※2：國際太空站在高度350～460公里的軌道環繞。
※3：人造衛星等進入同步軌道之前暫時投入的細長形橢圓軌道，近地點高度200～300公里，遠地點高度約3萬6000公里。

## 第二節／第三節推進器　第154～155、157頁

分別為 M-V 的第三節和第四節（因應積載物而使用）推進器改良而成。裝填燃料的桶槽使用CFRP這種材料，強度和鋼鐵材料同等級，但重量不到4分之1。不必加壓只靠加熱即可成形，而且成本也降低了。

## 整流罩　第150～151、156～157、159頁

（發射時保護衛星等機器的外殼部分）
全新設計。圓錐和圓筒部分為一體成形，減少了零件和作業。實際發射時機體上的整流罩，和進行「音響測試」與「脫離拋棄測試」的整流罩，在塗裝等方面不盡相同。

PBS

第三節

第二節

## 行星分光觀測衛星SPRINT-A　第158頁

（Small scientific satellite Platform for Rapid Investigation and Test-A）
觀測機器以外部分全都降低成本之小型科學衛星系列的1號機。重量340公斤，尺寸為1公尺×1公尺×4公尺（打開太陽電池板則寬度約6公尺）。所在的橢圓形軌道，離地球最近時高度為950公里，離地球最遠時高度為1150公里，每106分鐘左右繞行一周。

## 小型液態燃料推進系統PBS　第159頁

（Post Boost Stage，後推進節）
可因應積載物而搭載的液態燃料推進，在第三節推進器脫離後，做為「第四個推進裝置」使用，以便提高投入軌道的精準度。如果沒有使用，誤差範圍為±150公里，使用後可提升到±20公里。這個精準度足以媲美液態燃料火箭H-IIA和H-IIB的±10公里（型錄值）。

整流罩

第二節　　第三節

## 強化型艾普斯龍號火箭

第一節

EPSILON

第三節推進器

第二節推進器

第一節推進器

### 主要改良項目

· 把第二節推進器加大並突出整流罩外表面，使推進劑的存量增加到1.4倍左右，而且整流罩可搭載更大的衛星。
· 改良第二節機體的耐熱材和構造而達到輕量化。
· 把第二節機體和第三節機體搭載的電力序列分配器（PSDB）小型化和輕量化。
· 把搭載機器的部分構造改為一體化而達到輕量化。
· 適用低衝擊型衛星脫離系統，能夠發射精細的機器。
· 所建立的技術，可同時發射多個衛星，並且將各個衛星正確投入軌道。

試驗機發射成功後，為了達成「提升發射能力」、「加大可搭載的衛星尺寸」等目的，著手開發改良版的「強化型艾普斯龍號火箭」（主要改良項目如右表）。自2號機以後，全部都是這種「強化型艾普斯龍號火箭」，2018年1月發射的3號機，增加設計以抑制衛星脫離時的衝擊。2019年1月發射的4號機，建立了同時發射多個衛星的系統。未來的目標包括與預定2020年度發射的「H3火箭」達到機器共通化等等。

# 艾普斯龍號向未來的重覆使用火箭邁進一大步

「艾普斯龍號火箭」是日本從2006年停用M-V火箭以來，相隔7年首度發射的國產新型固態燃料火箭。我們訪問發射當時的計畫經理森田泰弘博士，請他解說開發的歷程和未來的展望。

＊本篇為2013年7月26日的採訪內容。

**Gaiileo**：究竟是基於什麼契機，而萌生開發艾普斯龍號火箭的構想呢？

**森田**：事實上，從M-V 1號機發射的時候，就已經在思考接下來該怎麼做了。重點之一，在於成本。M-V雖然性能是世界最高等級，但價格也是F1賽車等級。

**Galileo**：1架的發射費用要75億日圓左右吧！

**森田**：是啊！而且處理起來也很麻煩。小型固態燃料火箭原本應該製造非常簡單，運用性也很廣泛，可是發射場的準備作業要花上2個月甚至3個月的時間。

因此，我們在思考未來的火箭應該做什麼樣的改革時，認為必須要更加精緻化，減少發射的準備時間和人力，設備也要縮小。此外，製造過程也應該簡化。藉由這些改革，使成本和性能達到最佳化。

## ROSE的功能類似「心電圖」的診斷

**Galileo**：具體來說，艾普斯龍號火箭做了哪些改革呢？

**森田**：最新的項目，是「行動控制」（mobile control）。這是在機體上搭載人工智慧機器「ROSE」（Responsive Operation Support Equipment，反應操作支援裝置），能夠自行檢查機

體的健全性，使發射作業更有效率，而且只需少數人員即可利用遙控方式進行操作。ROSE所運用的技術本身並不困難，甚至玩具上頭也有搭載簡化的機型。

**Galileo**：那麼，困難的地方在哪裡呢？

**森田**：從工程師抽取經驗，把它教導給ROSE，這項作業十分龐大而複雜。

在發射火箭的時候，什麼事物最需要人類的經驗和時間呢？那就是檢查通上電流之後，推進器的旋轉情形和閥門的開閉狀況。這些部分最容易損壞，檢查起來也最費工夫。

**Galileo**：要怎麼檢查呢？

**森田**：把機體上配載的閥門等機器實際運作看看，收集許多運作正常時通過的電流波形。將收集到的波形所呈現之若干特徵作比較，觀察彼此之間的關係，再綜合性地判斷正常或異常。以醫療領域來做比喻，就像是把醫生觀察心電圖波形做診斷的這項工作，交給機器來執行。

**Galileo**：不是只觀察各個的特徵就好了嗎？

**森田**：這稱為「自動檢查」。推進器內部的壓力和溫度是否正常、渦輪泵的旋轉數是否正常等等，這種各別資料的檢查工作，如今全世界的火箭都是使用機器來施行。

但是，我們希望利用ROSE來完成的工作，不是判斷各個資料的好壞，而是觀察多個資料彼此間的關係。因此，我們必須事先探究出「正常狀況下理應看到的，波形所呈現的特徵彼此間的關係」，再把它教導給ROSE。若要實現這樣的機能，需要正常

以4～5人為一組實施「行動管制」的想像圖。主要任務之一是監視火箭所配載的ROSE是否正常地自行確認機體的健全性。使用一般的電腦，所以在距離發射場比較遙遠的地方也能運作。

運作時的大量資料，因此我們在各機的發射作業中不斷地累積資料，一直在提升機能。

## 只需要能容納10個人的管制室

**Galileo**：如果交由機器進行檢查，那麼地面人員要負責什麼工作呢？

**森田**：在地面上，管制裝置和ROSE是利用和一般網際網路相同的機制來連接，由人員和ROSE合作，一起檢查火箭。

**Galileo**：這是遙控方式的「行動管制」吧！要由多少個人來做這項工作呢？

**森田**：在定規的運用階段，預定是4、5個人。不過，這次是第一次，所以可能會預定8個人左右。這是為了怕萬一行動管制裝置出了問題，可以立刻有人接手而做的準備。

**Galileo**：但是，比起100多個人的傳統管制室，確實少了許多！

**森田**：我們的管制室，只要有一間可以容納10個人的房間就行了。以往的管制室都是設置在發射場附近的地下，我們則打算在距離發射場大約2公里的地點，蓋一所新的「艾普斯龍號管制中心」，裡面配置火箭的管制室、衛星的管制室、判斷氣象條件的房間、管理地面安全事宜的房間等等。

## 艾普斯龍號火箭不斷地在「進化」

**Galileo**：另一方面，艾普斯龍號火箭也使用了不少既有技術和裝置吧？

**森田**：1號機的目的是利用ROSE和行動管制來顛覆火箭業界的常識，舉例來說，為了壓低整體的開發費用，推進劑並沒有改變。

不過，我們會在2號機、3號機……，階段性地實際驗證新的高性能、低成本化的技術。在1號機已經有納入這樣的雛形了。在發射數架之後，我們就能打造出具有國際競爭力的機體。

**Galileo**：下一個計畫是什麼呢？

**森田**：在艾普斯龍號火箭上開發出來的技術，也能適用在新世代的主要火箭上，而且也會是未來可重覆使用火箭所不可或缺的技術。以長遠的眼光來看，可以說是向電視影集裡的神機雷鳥號這樣可重覆使用火箭邁進了一大步。

**Galileo**：發射任務結束之後，首先要做的事情是什麼？

**森田**：首先要做的事情是整理（笑）。例如，把組裝用到的裝置還給工廠。

最重要的事情，應該是「飛行分析」！火箭有沒有依照預定的路線飛行呢？如果偏離了，原因是什麼？這樣的分析作業要花上2～3個星期。我想應該會得到不少分析結果，將來可以運用在2號機上。

在衛星這方面，也要對軌道及衛星本身的健全性施行初期的檢查，以便移轉到定規性的運用。

**Galileo**：預祝發射成功！　🪐

森田泰弘
日本宇宙航空研究開發機構（JAXA）宇宙科學研究所宇宙飛翔工業研究科教授，宇宙科學研究基盤‧技術統括（兼任），前艾普斯龍號火箭計畫經理。工學博士。1958年出生於東京都。研究主題為固態燃料火箭與宇宙系統的引導控制。

艾普斯龍號
火箭發射

# 艾普斯龍號火箭奔向宇宙

## 從極近距離拍攝新型火箭發射的瞬間

攝影　西澤 丞

**倒**數……5，4，3，2，1，0。在這個瞬間，火箭下端突然噴出猛烈的橙色火焰，全長約24公尺的機體往天空冉冉上升。

2013年9月14日下午2時，JAXA開發的新型固態燃料火箭「艾普斯龍號火箭」的試驗機（1號機），從鹿兒島縣浦之內宇宙空間觀測所發射升空。這是在發射瞬間從距離發射台僅僅100公尺左右的極近地點拍攝而得的畫面。因為太過靠近，十分危險，所以使用無人攝影裝置拍攝。

火箭的火焰往下方噴出之後，轉向右方呈L字形。這是因為發射台下方設有「煙道」，引導火焰和煙霧沿著這條隧道橫向疏通。煙道也能夠防止發射時產生的巨大聲響反彈到火箭本體，具有減輕本體振動的效果。在火箭下部看到的黑色煙霧，是從姿勢控制用的裝置噴射出來的排氣。

發射後大約61分鐘，所搭載的人造衛星「SPRINT-A」（暱稱火崎號）會脫離火箭，順利投入預定的軌道。此次為延期2次後，終於發射成功。當時擔任艾普斯龍號火箭計畫經理的JAXA森田泰弘博士，以「這是截至目前為止最漂亮的一次發射」來形容這一次的成功。

# 新型火箭推進器首次公開

歷經4分之1個世紀的開發，
期盼2020年度實用化

協助 ┊ **沖田耕一**
┊ 日本宇宙航空研究開發機構宇宙輸送技術部門
┊ H3計畫小組職能經理

攝影 ┊ **西澤 丞**

**依**時程JAXA新型火箭「H3」的試驗機預定在2020年發射。這一架新型火箭將配載JAXA開發中的火箭推進器「LE-9」。這具推進器曾於2017年11月14日首次公開亮相。

「LE-9」著眼於未來的太空發展，為了實現大推力、高可靠度、低製造成本的目標，從2015年度正式進行研發。也是自1994年開發的「LE-7」以來，相隔4分之1個世紀才出現的嶄新的日本國產推進器。

LE-9藉由把液態氫和液態氧混合後燃燒產生推力。這個機制的一大特徵是採用日本獨有之「膨脹機抽取循環」（expander bleed cycle）。這個方式只有在燃燒室（中央褐色部分上側）內燃燒燃料。而現在運用中的「LE-7A」（LE-7的改良型推進器）則採用「二段式燃燒循環」的方式，燃燒室之前必須先在「預燃室」（preburner）燃燒一部分燃料。這個方式的燃料利用效率較佳，但比較複雜且有構造上的困難。LE-9改採新的方式，使構造更簡化，可靠性提升、製造成本也降低。在推進力方面，LE-9可達到LE-7A的1.4倍左右。現在，LE-9正以迅捷的腳步進行開發，即將邁入實用化的階段。 🪐

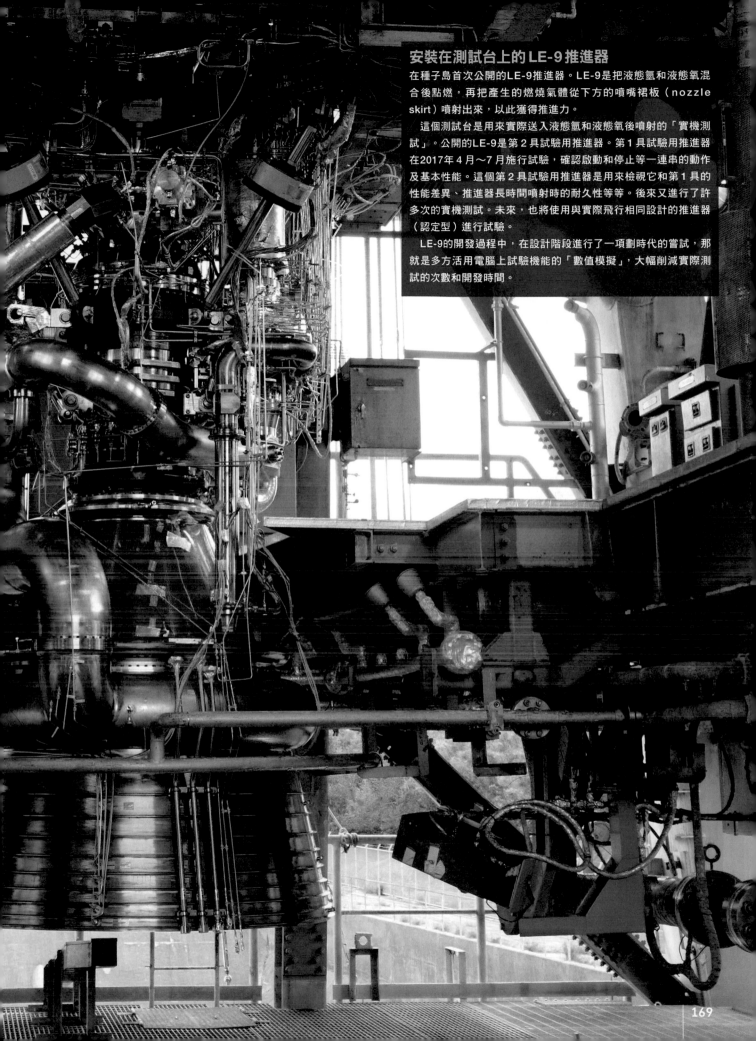

## 安裝在測試台上的 LE-9 推進器

在種子島首次公開的LE-9推進器。LE-9是把液態氫和液態氧混合後點燃，再把產生的燃燒氣體從下方的噴嘴裙板（nozzle skirt）噴射出來，以此獲得推進力。

這個測試台是用來實際送入液態氫和液態氧後噴射的「實機測試」。公開的LE-9是第2具試驗用推進器。第1具試驗用推進器在2017年4月～7月施行試驗，確認啟動和停止等一連串的動作及基本性能。這個第2具試驗用推進器是用來檢視它和第1具的性能差異、推進器長時間噴射時的耐久性等等。後來又進行了許多次的實機測試。未來，也將使用與實際飛行相同設計的推進器（認定型）進行試驗。

LE-9的開發過程中，在設計階段進行了一項劃時代的嘗試，那就是多方活用電腦上試驗機能的「數值模擬」，大幅削減實際測試的次數和開發時間。

**人人伽利略 科學叢書 01**

## 太陽系大圖鑑

徹底解說太陽系的成員以及
從誕生到未來的所有過程！　　售價：450元

　　本書除介紹構成太陽系的成員外，還藉由精美的插畫，從太陽系的誕生一直介紹到末日，可說是市面上解說太陽系最完整的一本書。在本書的最後，還附上與近年來備受矚目之衛星、小行星等相關的報導，以及由太空探測器所拍攝最新天體圖像。我們的太陽系就是這樣的精彩多姿，且讓我們來一探究竟吧！

**人人伽利略 科學叢書 02**

## 恐龍視覺大圖鑑

徹底瞭解恐龍的種類、生態和
演化！830種恐龍資料全收錄　　售價：450元

　　本書根據科學性的研究成果，以精美的插圖重現完成多樣演化之恐龍的形貌和生態。像是恐龍對決的場景等當時恐龍的生活狀態，書中也有大篇幅的介紹。

　　不僅介紹暴龍和蜥腳類恐龍，還有形形色色的恐龍登場亮相。現在就讓我們將時光倒流到恐龍時代，觀看這個遠古世界即將上演的故事吧！

**人人伽利略 科學叢書 03**

## 完全圖解元素與週期表

解讀美麗的週期表與
全部118種元素！　　售價：450元

　　所謂元素，就是這個世界所有物質的根本，不管是地球、空氣、人體等等，都是由碳、氧、氮、鐵等許許多多的元素所構成。元素的發現史是人類探究世界根源成分的歷史。彙整了目前發現的118種化學元素而成的「元素週期表」可以說是人類科學知識的集大成。

　　本書利用豐富的插圖以深入淺出的方式詳細介紹元素與週期表，讀者很容易就能明白元素週期表看起來如此複雜的原因，也能清楚理解各種元素的特性和應用。

### 人人伽利略 科學叢書 04

## 國中·高中化學　讓人愛上化學的視覺讀本　　售價：420元

　　「化學」就是研究物質性質、反應的學問。所有的物質、生活中的各種現象都是化學的對象，而我們的生活充滿了化學的成果，了解化學，對於我們所面臨的各種狀況的了解與處理應該都有幫助。

　　本書從了解物質的根源「原子」的本質開始，再詳盡介紹化學的導覽地圖「週期表」、化學鍵結、生活中的化學反應、以碳為主角的有機化學等等。希望對正在學習化學的學生、想要重溫學生生涯的大人們，都能因本書而受益。

### 人人伽利略 科學叢書 05

## 全面了解人工智慧　從基本機制到應用例，以及未來發展　　售價：350元

　　人工智慧雖然方便，但是隨著 AI 的日益普及，安全性和隱私權的問題、人工智慧發展成智力超乎所有人類的「技術奇點」等令人憂心的新課題也漸漸浮上檯面。

　　本書從人工智慧的基本機制到最新的應用技術，以及 AI 普及所帶來令人憂心的問題等，都有廣泛而詳盡的介紹與解說，敬請期待。

售價：350元

### 人人伽利略 科學叢書 06

## 全面了解人工智慧 工作篇　醫療、經營、投資、藝術……，AI逐步深入生活層面

　　讀者中，可能有人已養成每天與聲音小幫手「智慧音箱」、「聊天機器人」等對話的習慣。事實上，目前全世界各大企業正在積極開發的「自動駕駛汽車」也搭載了AI，而在生死交關的醫療現場、災害對策這些領域，AI也摩拳擦掌地準備大展身手。

　　我們也可看到 AI 被積極地引進商業現場。在彰顯人類特質的領域，舉凡繪畫、小說、漫畫、遊戲等藝術和娛樂領域，也可看到 AI 的身影。

人人伽利略 科學叢書 07

## 身體的科學知識 體質篇

與身體有關的
常見問題及對策　　售價：400元

　　究竟您對自己身體的機制了解多少呢？
　　本書嚴選了生活中與我們身體有關的50個有趣「問題」，並對這些發生機制和對應方法加以解說。只要了解身體的機制和對應方法，相信大家更能與自己的身體好好相處。不只如此，還能擁有許多可與人分享的「小知識」。希望您在享受閱讀本書的同時，也能獲得有關正確的人體知識。

人人伽利略 科學叢書 08

## 身體的檢查數值

詳細了解健康檢查的
數值意義與疾病訊號　　售價：400元

　　健康檢查不僅能夠發現疾病，還是矯正我們生活習慣的契機，是非常重要的檢查。
　　本書除了解讀健康檢查結果、自我核對檢查數值、藉檢查瞭解疾病之外，還將檢查結果報告書中檢查數值出現紅字的項目，羅列醫師的忠告，以及癌症健檢的內容，希望對各位讀者的健康有幫助。敬請期待。

人人伽利略 科學叢書 09

## 單位與定律　完整探討生活周遭的單位與定律！　　售價：400元

　　本國際度量衡大會就長度、質量、時間、電流、溫度、物質量、光度這7個量，制訂了全球通用的單位。2019年5月，針對這些基本單位之中的「公斤」、「安培」、「莫耳」、「克耳文」的定義又作了最新的變更，讓我們一起來認識。
　　本書也將對「相對性原理」、「光速不變原理」、「自由落體定律」、「佛萊明左手定律」等等，這些在探究科學時不可或缺的重要原理和定律做徹底的介紹。請盡情享受科學的樂趣吧！

**人人伽利略 科學叢書 10**

## 用數學了解宇宙

只需高中數學就能
計算整個宇宙！　　　　售價：350元

　　每當我們看到美麗的天文圖片時，都會被宇宙和天體的美麗所感動！遼闊的宇宙還有許多深奧的問題等待我們去了解。

　　本書對各種天文現象就它的物理性質做淺顯易懂的說明。再舉出具體的例子，說明這些現象的物理量要如何測量與計算。計算方法絕大部分只有乘法和除法，偶爾會出現微積分等等。但是，只須大致了解它的涵義即可，儘管繼續往前閱讀下去瞭解天文的奧祕。

**人人伽利略 科學叢書 11**

## 國中・高中物理

徹底了解萬物運行的規則！　　售價：380元

　　物理學是探究潛藏於自然界之「規則」（律）的一門學問。人類驅使著發現的「規則」，讓探測器飛到太空，也藉著「規則」讓汽車行駛，也能利用智慧手機進行各種資訊的傳遞。倘若有人對這種貌似「非常困難」的物理學敬而遠之的話，就要錯失了解轉動這個世界之「規則」的機會。這是多麼可惜的事啊！

**人人伽利略 科學叢書 12**

## 量子論縱覽

從量子論的基本概念到量子電腦　　售價：450元

　　本書是日本Newton出版社發行別冊《量子論增補第4版》的修訂版。本書除了有許多淺顯易懂且趣味盎然的內容之外，對於提出科幻般之世界觀的「多世界詮釋」等量子論的獨特「詮釋」，也用了不少篇幅做了詳細的介紹。此外，也收錄了多篇深入淺出地介紹近年來急速發展的「量子電腦」和「量子遙傳」的文章。

　　接下來，就讓我們一起來享受這趟量子論的奇妙世界之旅吧！

【 人人伽利略系列 17 】

# 飛航科技大解密
## 圖解受歡迎的大型客機與戰鬥機

作者／日本Newton Press
執行副總編輯／陳育仁
編輯顧問／吳家恆
審訂／李世平
翻譯／黃經良
編輯／林庭安
商標設計／吉松薛爾
發行人／周元白
出版者／人人出版股份有限公司
地址／231028 新北市新店區寶橋路235巷6弄6號7樓
電話／（02）2918-3366（代表號）
傳真／（02）2914-0000
網址／www.jjp.com.tw
郵政劃撥帳號／16402311 人人出版股份有限公司
製版印刷／長城製版印刷股份有限公司
電話／（02）2918-3366（代表號）
經銷商／聯合發行股份有限公司
電話／（02）2917-8022
第一版第一刷／2020年9月
定價／新台幣500元
　　　港幣167元

國家圖書館出版品預行編目（CIP）資料

飛航科技大解密：圖解受歡迎的大型客機與戰鬥機 --
人人伽利略17／日本Newton Press作；
黃經良翻譯. -- 第一版. -- 新北市：人人，2020.09
面；　公分. —（人人伽利略系列；17）
譯自：飛行機のテクノロジー増補第2版
ISBN 978-986-461-225-3（平裝）
1.科學技術 2.航太教育 3.飛機
400　　　　　　　　　　　　　　109012564

飛行機のテクノロジー増補第2版
Copyright ©Newton Press,Inc. All Rights
Reserved.
First original Japanese edition published by
Newton Press,Inc. Japan
Chinese (in traditional characters only)
translation rights arranged with Jen Jen
Publishing Co., Ltd
Chinese translation copyright © 2020 by Jen
Jen Publishing Co., Ltd.
●版權所有・翻印必究●

## Staff

| | |
|---|---|
| Editorial Management | 木村直之 |
| Editorial Staff | 遠津早紀子 |
| Writer | 尾崎太一（48〜49ページ） |
| | 中野太郎（58〜69ページ） |

## Photograph

| | | | | | | |
|---|---|---|---|---|---|---|
| 表紙 | Koku-Jieitai (Japan Air Self Defense Force) | 68-69 | Vladislav Perminov | 129 | JAXA/NASA |
| 3 | 本田技研工業株式会社, Honda Aircraft Company, JOE NISHIZAWA | 73〜76 | JAXA | 130-131 | NASA |
| | | 77 | 株式会社 自律制御システム研究所, JAXA | 132 | NASA/Victor Zelentsov |
| 4-5 | Corbis via Getty Images | 78 | Leah Nash | 133〜135 | NASA |
| 10 | NASA | 80 | Ilan Kroo | 135 | NASA/Bill Ingalls |
| 11 | AP/アフロ, AIRBUS S.A.S. 2015 - photo by master films / P.PIGEYRE | 82 | Boeing | 136 | JAXA/NASA |
| | | 83 | Ilan Kroo | 136-137 | NASA |
| 13 | NASA | 84〜85 | 倉谷尚志 | 138 | ESA/NASA/Don Pettit |
| 15 | Airbus | 88 | 株式会社セキド | 139 | JAXA |
| 30-31 | Rolls-Royce pic | 91 | 本田技研工業株式会社, Honda Aircraft Company | 140 | NASA/Jim Grossmann |
| 32-33 | AIRBUS - Computer Graphics by i3M | 92 | ANA | 141〜143 | NASA |
| 33 | Boeing | 98 | 安友康博/Newton | 143 | Michael Altenhofen/SpaceX, SpaceX |
| 34 | 株式会社ジャムコ | 99 | （端末のモニター）ANA,（その他）安友康博/ | 146 | NASA, NASA/Eric Bordelon |
| 34-35 | Airbus | | Newton | 147 | NASA/Ken Ulbrich, NASA, Boeing |
| 38 | Newton Press | 100〜103 | 三菱航空機株式会社 | 150〜161 | JOE NISHIZAWA |
| 44 | Jerome Dawson, Arpingstone. | 105 | 三菱航空機株式会社 | 162 | ESA-J. Huart. |
| 45 | Paco Rodriguez | 106〜111 | 本田技研工業株式会社, Honda Aircraft Company | 162〜164 | JAXA |
| 46〜47 | Newton Press | 114〜122 | NASA | 165 | 岩本 朗/Newton Press |
| 48 | AIRBUS 2018 - photo by A.DOUMENJOU/ master films | 123 | NASA/Smithsonian Institution/Lockheed Corporation, NASA | 166-167 | JAXA/JOE NISHIZAWA |
| 48-49 | AIRBUS GROUP 2016 - photo by A.DOUMENJOU/ master films | 124〜125 | NASA | 168-169 | 西澤丞 |
| | | 126 | NASA, Scott Lieberman/AP/アフロ, NASA | | |
| 58〜61 | Koku-Jieitai (Japan Air Self Defense Force) | 127〜128 | NASA | | |

## Illustration

| | | | | | |
|---|---|---|---|---|---|
| Cover Design | 米倉英弘（細山田デザイン事務所） | 31 | Newton Press | 86〜89 | 髙島達明 |
| | （イラスト：Newton Press, 髙島達明） | 36〜43 | Newton Press | 93〜97 | Newton Press |
| 1〜2 | Newton Press | 46〜47 | Newton Press | 113 | Newton Press |
| 6〜9 | Newton Press | 49 | 髙島達明 | 119 | Newton Press |
| 12 | Newton Press | 51〜57 | Newton Press | 135 | Newton Press |
| 16〜25 | Newton Press | 70-71 | Newton Press | 148-149 | Newton Press |
| 26-27 | 吉原成行 | 73 | Newton Press | | |
| 27〜29 | Newton Press | 84〜85 | Newton Press | | |